Der Mond

-

Rohstoffquelle

und

Weltraumbasis

von

Kurt Olzog

Der Mond

-

Rohstoffquelle

und

Weltraumbasis

Autor: Kurt Olzog

Seht ihr den Mond dort stehen?-

Er ist nur halb zu sehen

Und ist doch rund und schön!

So sind wohl manche Sachen,

Die wir getrost belachen,

Weil unsre Augen sie nicht sehn.

(Matthias Claudius)

Bibliografische Information der Deutschen Nationalbibliothek:

Die Deutsche Nationalbibliothek verzeichnet diese Publikation in der Deutschen Nationalbiographie; detaillierte bibliografische Daten sind im Internet über www.dnb.de abrufbar.

TWENTYSIX – Der Self-Publishing-Verlag

Eine Kooperation zwischen der Verlagsgruppe Random House und BoD – Books on Demand

© 2017 Kurt Olzog

Herstellung und Verlag:

BoD – Books on Demand, Norderstedt

ISBN: 9783740731816

Inhalt

1. Der Erdmond und seine Schwerkraft   S. 6

2. Die Entstehung des Mondes   S. 17

3. Der Mond als erreichbarer Trabant   S. 39

4. Entwicklung von Mondstationen   S. 63

5. Shuttle-Verkehr zum Mond   S. 69

6. Verkehrsverbindung zum Mars   S. 76

7. Zukunftsperspektiven   S. 87

Literaturverzeichnis   S. 113

1. Der Erdmond und seine Schwerkraft

Entweder wir leben an der Nordsee, oder wir fahren zuweilen im Urlaub dorthin. Sehr beliebt sind die West- bis Ost- und Nordfriesischen Inseln, auch Husum, Sankt-Peter-Ording oder Büsum oder Cuxhaven.

Wir genießen die Stille während der Ebbe und das Rauschen des Wassers während der Flut. Im Rhythmus von rund sechs Stunden ändert sich der Wasserstand von Ebbe zu Flut und umgekehrt. Eine Tide von Ebbe und Flut dauert also 12 bis 13 Stunden.

Wattwanderungen dürfen nicht zu lange ausgedehnt werden, damit wir einigermaßen trockenen Fußes wieder an Land gelangen. Die Gezeiten Ebbe und Flut verschieben sich Zeit-mäßig um einen geringen Betrag jeden Tag. Sie folgen dem Lauf des Mondes, der die Erde in Richtung Osten einmal im Monat umrundet.

[1] Abbildung:

Kleinere Meere oder Seen wie das Mittelmeer oder die Ostsee werden von der Anziehungskraft des Mondes kaum berührt. Nur an den Küsten der Ozeane macht sich die Schwerkraft des Mondes bemerkbar. In Europa sind die Gezeiten am Ärmelkanal am

Mond 2): Blick von Apollo 17 aus auf den Mond

---

1 DIE ZEIT: Das Lexikon in 20 Bänden, Hamburg 2005, Band 10 S. 59

größten, bis zu 11,5 Meter, und erreichen maximal 21 Meter im Golf von Maine[2], am höchsten bei Vollmond und Neumond, wenn Sonne, Erde und Mond in einer Linie stehen.

Offenbar zieht der Mond an der Erde, und die Erde hält den Mond auf einer fast kreisförmigen Bahn gefangen. Einmal im Monat dreht der Mond sich um seine Achse. Ein „Mondtag" dauert also einen Monat lang. Das hat zur Folge, dass der Mond der Erde immer dieselbe Seite zeigt, Abstand 356.410 bis 406.740 km.

Während der Mond die Erde umrundet, dreht sich die Erde einmal pro Tag unter dem Mond hinweg, ebenfalls nach Osten, so dass der Eindruck entsteht, der Mond würde wie die Sonne im Osten auf- und im Westen untergehen.

In Wirklichkeit schiebt sich der Mond langsam nach Osten um die Erde herum, so dass in jedem Monat durch die Sonneneinstrahlung die bestrahlte Seite des Mondes zunimmt bis zum Vollmond und danach wieder abnimmt bis zum Neumond.[3]

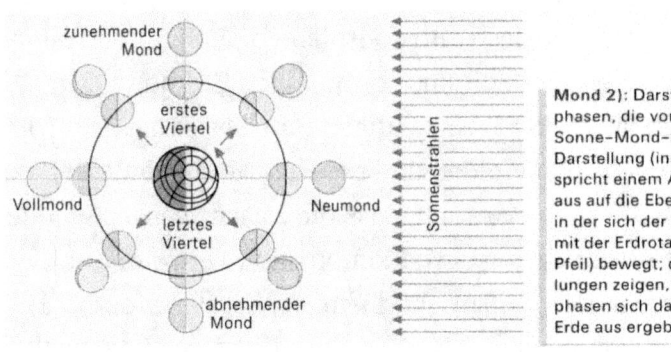

Mond 2): Darstellung der Mondphasen, die von der Konstellation Sonne-Mond-Erde abhängen. Die Darstellung (innerer Kreis) entspricht einem Anblick von Norden aus auf die Ebene der Mondbahn, in der sich der Mond gleichsinnig mit der Erdrotation (gebogener Pfeil) bewegt; die äußeren Darstellungen zeigen, welche Mondphasen sich dabei jeweils von der Erde aus ergeben.

---

2   Ebenda, Band 05 S. 465
3   Ebenda, Band 10 S. 58, mit Abbildung

Physikalisch wird die Schwerkraft Gravitation genannt, „die durch das Gravitationsgesetz beherrschte Erscheinung der gegenseitigen Massenanziehung. Alle Massen führen zur Entstehung von Gravitationsfeldern. Die *Allgemeine Relativitätstheorie* [von Albert Einstein (d. Autor)] ist eine *Feldtheorie* der Gravitation, in ihr wird das Gravitationsfeld auf die Geometrie der Raumzeit zurückgeführt. Nach den *Einstein-Gleichungen* breiten sich Störungen des Gravitationsfeldes als *Gravitationswellen* aus."[4]

Mit der Schwerkraft des Mondes ist es allerdings nicht so weit her. Sein Äquatorialdurchmesser beträgt 3.476 km, entsprechend gering ist seine Masse: 1/81 der Erdmasse. Sie ist nicht in der Lage, eine Gashülle zu halten. Die Schwerkraft beträgt nur 1/6 der irdischen, die Fluchtgeschwindigkeit 2,38 km/sec.[5]

„Er hat keine eigene Lufthülle und ist wasserfrei. Nach heutiger Erkenntnis verdankt der Mond seine Entstehung der Kollision der Erde mit einem Planetoiden etwa von der Größe des Planeten Mars. Bei diesem Zusammenstoß wurde ein Teil der Erdmasse und ein Teil der Masse des Kollisionsplanetoiden in die Erdumlaufbahn herausgeschleudert und formten den Erdmond. Man nimmt an, dass etwa 85 % des heutigen Stoffbestandes des Mondes vom Kollisionsplanetoiden und der Rest vom Erdmantel stammt. Deshalb ist zu erwarten, dass die Zusammensetzung des Mondes in etwa der chemischen Komposition der primitiven Erde, im Akkretionsstadium, entspricht. Demnach ist der Mond z. B. einerseits verarmt an Na und K. Andererseits ist der Fe-Gehalt des

---

4 Lexikon der Physik, 2000. Spektrum Akademischer Verlag GmbH Heidelberg, Band 2 S. 531
5 DIE ZEIT: Das Lexikon in 20 Bänden, Hamburg 2005, Band 10 S. 58

gesamten Mondes wesentlich geringer als der Fe-Gehalt der gesamten Erde."[6]

Etliche Mondsonden sind seit dem Jahr 1959 zum Mond geschickt worden. Die erste Mondsonde namens Lunik flog in 5600 km Entfernung am Mond vorbei. Darauf folgten Ranger und Surveyor, später Apollo. „Mit Lunar Prospector nahm die NASA nach fast 25 Jahren im Jan. 1998 ihre Monderkundungen wieder auf. Die Sonde (mit der Urne des 1997 bei einem Autounfall verunglückten Wissenschaftlers Eugene Shoemaker) überflog bis zu ihrem planmäßigen Absturz auf den Mond (August 1999) mehr als 6800-mal den Mond und untersuchte dessen chem. Zusammensetzung."[7]

Zwischen 1961 und 1965 erstreckte sich das Rangerprogramm, unter anderem zur Vorbereitung der ersten unbemannten Mondlandung. Es war der Aufbruch zur Erforschung anderer Himmelskörper und gipfelte zunächst im Surveyor-Programm.[8]

Von 1966 bis 1968 landeten fünf amerikanische Surveyor-Sonden weich auf dem Mond, zwei zerschellten. Durch dieses Programm wurde die Landetechnik für bemannte Mondlandungen entwickelt, die später im Apollo-Programm verwendet wurde.[9]

Das Apollo-Programm der NASA wurde durchgeführt zwischen den Jahren 1968 und 1972 und hatte drei Hauptziele: zum Ersten

---

6   Brunotte, Ernst u.a.: Lexikon der Geographie in vier Bänden, Spektrum Akademischer Verlag Heidelberg, Berlin 2002, zweiter Band, S. 395
7   DIE ZEIT: Das Lexikon in 20 Bänden, Hamburg 2005, Band 10 S. 61f
8   Ebenda, Band 12 S. 82
9   Ebenda, Band 14 S. 313 mit Abbildung

bemannte Mondflüge, zum Zweiten erdnahe Orbitallabors und Orbitalobservatorien, zum Dritten unbemannte Sonden zu den Planeten Mars und Venus.[10]

Raumfahrt: Kommandeur Dave Scott der Apollo-15-Mission (26. 7. bis 7. 8. 1971) hisst die amerikanische Flagge auf dem Mond.

Für das Apollo-Programm „waren mehrere Raumfahrzeugeinheiten nötig: die rd. 5,8 t schwere Raumkapsel (selbstständige Kommando- und Rückkehreinheit, engl. Command Module, CM) mit dem Basisdurchmesser von 3,85 m, die Betriebs- und Versorgungseinheit (engl. Service Module, SM) von rd. 25 t, davon über 18 t Treibstoffe, und die 16 t schwere Mondlandeeinheit (engl. Lunar Module, LM), bestehend aus dem Lande- und Wiederaufstiegssystem. Als Trägerrakete diente eine dreistufige Saturn 5."[11]

Die wissenschaftlichen Hauptaufgaben des Apollo-Programms auf dem Mond bestanden im Sammeln und Mitnehmen von Bodenproben, „in der Aufstellung von kleineren Forschungsgeräten mit Radionuklidgenerator und in der fotograf. Dokumentation. Es gab insgesamt 17 Flüge; Apollo 7 bis 10 waren bemannte Flüge auf Erd- und Mondumlaufbahnen, mit Apollo 11 gelang am 20.7.1969 die erste Mondlandung (Armstrong 3), die sechste und letzte Mondlandung erfolgte mit Apollo 17 und schloss das" Apollo-Programm ab.[12]

---

10 Ebenda, Band 01 S. 304
11 Ebenda
12 Ebenda

Neil Alden Armstrong, geboren am 5.8.1930, „setzte im Rahmen des Apollo-11-Fluges mit E. E. Aldrin am 20.7.1969 mit der Mondfähre „Eagle" auf dem Mond im Meer der Ruhe auf; betrat am 21.7.1969 als erster Mensch den Mond. Die Kommando- und Rückkehreinheit wurde von Michael Collins (* 1930) gesteuert."[13]

Obwohl die Schwerkraft des Mondes vergleichsweise gering ist, führt sie doch dazu, dass mehr Meteoroiden auftreffen, als ohnehin auf Kollisionskurs sind. Abbildung: [14]

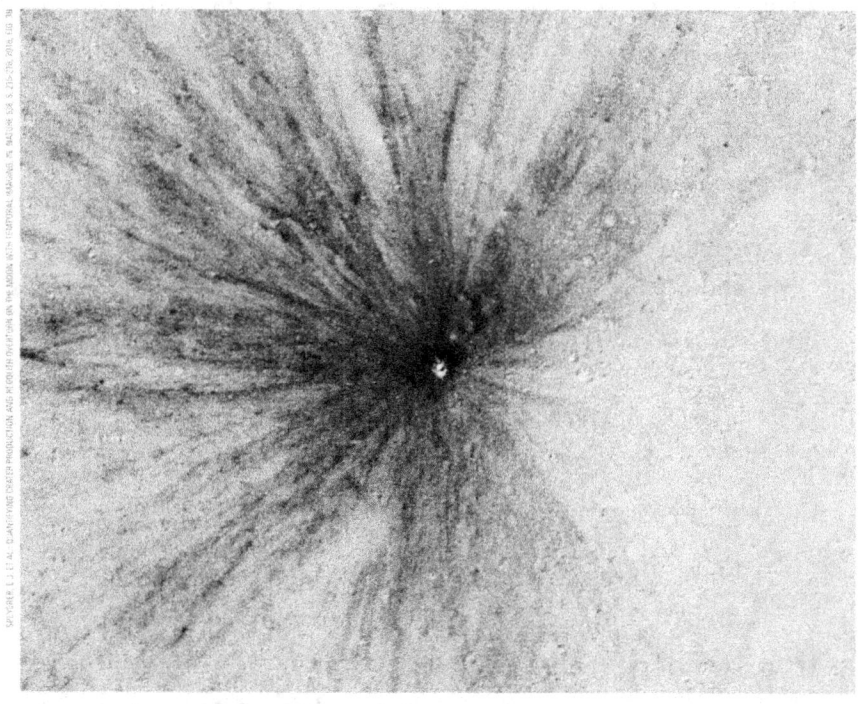

Dieser Mondkrater entstand zwischen Oktober 2012 und April 2013. Obwohl nur 12 Meter im Durchmesser (heller Punkt, Bildmitte), erstreckt sich sein Auswurf (dunkles Material) hunderte Meter weit. Das abgebildete Areal ist insgesamt 1300 Meter breit.

---

13 Ebenda, S. 367
14 Spektrum der Wissenschaft 12.16, S. 8

Im Spektrogramm der Zeitschrift „Spektrum der Wissenschaft", Heft 12 aus dem Jahr 2016, wird unter der Überschrift „Astronomie" - „Viele neue Mondkrater" obiges Bild aus der Zeitschrift „Nature 538, S. 215 – 218, 2016" folgendermaßen erläutert:

„Die Mondoberfläche ist einem weit stärkeren Bombardement ausgesetzt, als bisher angenommen. Es schlagen dermaßen viele Meteoroiden auf dem Erdtrabanten ein, dass sie die oberen zwei Zentimeter seines Regoliths, der Schicht aus lockerem Material, das ihn bedeckt, etwa alle 80 000 Jahre umpflügen statt alle 10 Millionen Jahre wie zuvor geschätzt. Dies geht aus Aufnahmen der Mondoberfläche hervor, welche die NASA-Sonde Lunar Reconnaissance Orbiter (LRO) über Jahre aufgenommen hat.

Astronomen um Emerson Speyerer von der Arizona State University haben entsprechende Fotos analysiert. Sie verglichen jeweils zwei Aufnahmen desselben Areals auf dem Mond, die der LRO im Abstand von mehreren Monaten einfing, und zwar unter vergleichbaren Beleuchtungsbedingungen. Insgesamt wertete das Team gut 14 000 Bildpaare aus, die zusammen etwa sieben Prozent der Mondoberfläche abdecken.

Zur Überraschung der Forscher zeigte sich dabei, dass im betrachteten Zeitraum 222 neue Krater mit Durchmessern von zehn Metern oder mehr entstanden waren – 33 Prozent mehr, als gängige Modelle vorhergesagt hatten. Die Fotos lassen erkennen, dass oft noch dutzende Kilometer vom eigentlichen Einschlag entfernt aufgewirbeltes Material niedergeht. Als Astronaut auf der Mondoberfläche laufe man weniger Gefahr, von Meteoroiden getroffen [zu] werden, als vielmehr von ausgeschleuderten Sekundärbrocken, sagte Speyerer im Interview.

Auch auf die Erde prasseln ständig kosmische Projektile ein, allerdings dringen nur wenige bis zum Boden vor – die meisten verglühen in der Atmosphäre. Von denen, die es auf die Oberfläche schaffen, verschwindet zudem ein Großteil in den Ozeanen."[15]

Im Jahr 1990 erschien in der Zeitschrift „Spektrum der Wissenschaft" Heft 5 (Mai) ab S. 108 der Artikel „Observatorien auf dem Mond" von den Autoren Jack O. Burns, Nebojsa Duric, Jeffrey Taylor und Stewart W. Johnson. Der Untertitel lautete: „Die lebensfeindliche Umwelt auf dem Erdtrabanten wäre für Astronomen eine fast ideale Arbeitsstätte. Lunare Observatorien könnten außergewöhnlich detailreiche Aufnahmen des Himmels liefern und neue Fenster zum Universum öffnen."[16]

gekoppeltes Mond-Erde-Radioteleskop

optisches Fernrohr

Millimeterwellen-Detektor mit Schutzhülle

Datensammlungs- und -verarbeitungszentrum

optische Signalübertragung

Radio-Antennenschüssel

Bild 1: Observatorien auf dem Mond werden den heute verfügbaren Instrumenten weit überlegen sein. Optische Teleskope bleiben von atmosphärischen Verzerrungen unbehelligt und erreichen ein enormes Auflösungsvermögen, wenn man sie über eine Zentraleinheit kombiniert. Eine Anlage aus ebenfalls gekoppelten Radio-Detektoren registriert kosmische Prozesse, die Wellen im Millimeterbereich emittieren. Die Verknüpfung von lunaren und irdischen Radioteleskopen ermöglicht Beobachtungen, die denen eines Instruments von 384 000 Kilometern Durchmesser – dem Abstand der beiden Himmelskörper – entsprechen. Riesige, in Kratern liegende Radio-Antennen fangen schwache Signale aus den Tiefen des Alls auf.

---

15 Ebenda
16 Burns, Jack O. u. a.: Observatorien auf dem Mond. In: Spektrum der Wissenschaft, Mai 1990, S. 108 f, mit Bildbeschreibung auf dieser und Abbildung auf folgender Seite

Die obige künstlerische Darstellung eines Observatoriums auf dem Mond zeigt auf, dass eine geringe Schwerkraft gewisse Vorteile gegenüber Schwerelosigkeit hat, wie sie auf der ISS (International Space Station) im Erdorbit herrscht.

„Wahrscheinlich gibt es im inneren Sonnensystem für den Menschen keinen besseren Standort zur Erforschung des Weltalls als die öde, leblose Oberfläche des Mondes. Dort gibt es praktisch keine Atmosphäre, der Untergrund ist seismisch stabil, vor allem auf der erdabgewandten Seite fällt kaum störende Strahlung aus den Licht- und Radioquellen unserer Zivilisation ein, und Rohstoffe sind im Überfluss vorhanden; kurz, der Erdtrabant ist ein idealer Bauplatz für modernste astronomische Observatorien.

Das Auflösungsvermögen mondgestützter Teleskope wird das von optischen Instrumenten auf der Erde in kaum vorstellbarem Maße übertreffen – vielleicht um mehr als das Hunderttausendfache. Observatorien werden vom Mond aus überdies Radiostrahlung extrem niedriger Frequenzen von kosmischen Quellen zu registrieren vermögen und damit ein bisher verschlossenes Fenster zum Universum öffnen. Womöglich bereiten sie – durch die Untersuchung von Gravitationswellen oder der schwer nachweisbaren Neutrinos – sogar den Weg für ganz neue Zweige der Astronomie.

In den USA ist das Interesse am Mond als wissenschaftlichem Vorposten, als Rohstoffbasis sowie als Sprungbrett zum Mars von neuem erwacht. Schon im Jahre 1983 hatte die Nationale Akademie der Wissenschaften in ihrer Studie „Astronomie and Astrophysics for the 1980's" („Astronomie und Astrophysik für die achtziger Jahre") die internationale Planung astronomischer

Vorhaben auf dem Mond befürwortet. Am 20. Juli 1989 sprach sich Präsident George Bush in seiner Rede zum 20. Jahrestag der ersten Apollo-Mondlandung für eine ständig bemannte Mondbasis aus. Wie andere Wissenschaftler haben daher auch wir konkrete Pläne für eine solche Station und für lunare astronomische Observatorien entwickelt, die im 21. Jahrhundert errichtet werden könnten..."[17]

---

[17] Ebenda

2. Die Entstehung des Mondes

Vor den Apollo-Missionen gab es vier herausragende Theorien über die Entstehung des Mondes. Diese werden ausführlich im Artikel „Ursprung und Entwicklung des Mondes" von G. Jeffrey Taylor im Septemberheft von Spektrum der Wissenschaft 1994 ab Seite 58 behandelt. Der Untertitel lautet: „Die faßliche Ausbeute der Apollo-Missionen war gut ein Drittel Tonne lunaren Gesteins. Diese Proben von der staubigen Oberfläche des uns nächsten Himmelskörpers haben viele neue Erkenntnisse über seine Entstehung und auch über die Frühzeit der Erde ermöglicht."[18]

Als am wenigsten plausibel galt zu der Zeit die Einfang-Hypothese. Sie besagt, dass der Mond irgendwo im Sonnensystem entstanden sei und sich irgendwann der Erde so gemächlich genähert hätte, dass diese ihn in eine Umlaufbahn zwingen konnte.[19] „Grundsätzlich ist das zwar möglich, aber höchst unwahrscheinlich. Ein in unmittelbarer Entfernung der Erde gefangener Himmelskörper würde wohl entweder mit ihr zusammenprallen oder durch die Massenanziehung so abgelenkt werden, daß ein erneutes Zusammentreffen so gut wie ausgeschlossen wäre. Die Chance, daß die Bahnen von Mond und Erde gerade die Voraussetzungen zum Einfang boten, ist verschwindend gering; darum lehnen praktisch alle Wissenschaftler diese These ab.

Die Apollo-Mission trug dazu bei, sie endgültig zu widerlegen. Im

---

18 Taylor, G. Jeffrey: Ursprung und Entwicklung des Mondes. In: Spektrum der Wissenschaft, September 1994, S. 58 ff
19 Tagung in Kona auf Hawaii 1984, a. a. O. S. 59

lunaren Gestein sind Sauerstoff-Isotope in ähnlichen Mengenverhältnissen vorhanden wie in irdischen, was auf einen gemeinsamen Ursprung hinweist. Wäre der Mond an einer anderen Stelle im Sonnensystem entstanden, müßten sich diese Relationen eigentlich unterscheiden.

Eine Alternative war die seit langem immer neu überdachte Abspaltungshypothese. Erstmals unterbreitet hatte sie George H. Darwin (1845 bis 1912), der zweite Sohn des Evolutionsbiologen Charles Darwin (1809 bis 1882). Seiner Theorie zufolge rotierte die Erde, nachdem sie einen Kern gebildet hatte, extrem schnell, so daß am Äquator eine starke Ausbuchtung entstand, aus der sich schließlich ein immens großer Tropfen löste, der dann zum Mond erstarrte…

Dieses Szenario hatte den Vorteil, eine wesentliche Eigenschaft des Mondes zu erklären, die Astronomen bereits vor mehr als hundert Jahren erkannten: Aus den Parametern seiner Umlaufbahn und seiner Größe errechneten sie, daß seine Dichte geringer ist als die der Erde. Daraus folgt, daß der Erdtrabant – wenn überhaupt – nur einen kleinen metallischen Kern haben kann. Mit einer Abspaltung ist dies zwanglos übereinzubringen, denn in dem Falle hätte sich der Mond hauptsächlich aus dem Material des Erdmantels (also der Schicht zwischen Erdkruste und -kern) gebildet.

Spätere Berechnungen ergaben, daß die Erde sich alle zweieinhalb Stunden um ihre Achse gedreht haben müßte, um das für die Bildung eines so großen Objektes erforderliche Material abzuschleudern. Eine solch schnelle Rotation ist jedoch kaum vorstellbar. Falls die Erde sich – wie man gemeinhin annimmt – durch Zusammenlagerung von Partikeln aus einer protoplanetaren Staubwolke gebildet hat, kann sie sich von Anfang an nur recht langsam gedreht haben. Selbst nachfolgende Prozesse wie etwa Einschläge von Gesteinsbrocken mit Durchmessern bis zu einigen hundert Kilometern hätten ihren Drehimpuls nicht wesentlich erhöhen können: Computersimulationen zeigten, daß die Wirkungen dieser Stöße sich im Mittel kompensiert haben müßten. Selbst wenn es einen Mechanismus gäbe, über den die Erde einen ausreichenden Drehimpuls vermittelt bekommen hätte – der größte Teil der Rotationsenergie müßte hernach wieder vernichtet worden sein, denn der heutige Drehimpuls des Mond-Erde-Systems liegt erheblich unter dem zur Abspaltung erforderlichen Wert. Dennoch ließ sich das Modell allein aufgrund der dynamischen Berechnungen nicht eindeutig widerlegen, so daß lange Zeit genügend Spielraum für Spekulationen blieb.

Das Apollo-Programm ermöglichte eine neue Überprüfung dieser Hypothese. Falls sich der Mond einst von der Erde abgeschnürt haben sollte, müßte sein Gestein exakt dieselbe Zusammensetzung aufweisen wie Kruste und Mantel der Erde. Aus der Ähnlichkeit der Sauerstoff-Isotopen-Verhältnisse läßt sich zwar auf eine enge Verwandtschaft beider Himmelskörper schließen; ansonsten aber unterscheiden sich ihre Mineralien, wie die chemische Analyse der lunaren Gesteinsproben und ein auf dem Mond aufgebautes Netz von Seismometern sowie spektroskopische Untersuchungen während der Missionen *Apollo 15* und *Apollo 16* belegten.

Beispielsweise enthält das Mondgestein viel weniger Substanzen, die bei relativ niedriger Temperatur verdampfen und deshalb als leicht flüchtig bezeichnet werden, als der Erdmantel. Wasserhaltige Minerale fehlen völlig; und auch sonstige flüchtige Elemente – ob auf der Erde recht gewöhnliche wie Kalium und Natrium oder exotischere wie Thallium – sind nicht vorhanden. Demgegenüber ist das Mondgestein reicher an hochschmelzenden, schwerflüchtigen (refraktären) Elementen wie Aluminium, Calcium, Thorium und Seltenen Erden. Offenbar sind deren Konzentrationen auf dem Mond etwa 50 Prozent höher als im irdischen Gestein. Des weiteren ist das Verhältnis von Eisen- zu Magnesiumoxid auf dem Mond etwa zehn Prozent größer als in Kruste und Mantel der Erde.

Trotz dieser Indizien gegen die Abspaltungs-Hypothese gaben sich ihre Vertreter nicht geschlagen. Sie ersannen Mechanismen, die den Anteil an flüchtigen Substanzen verringert und den an refraktären Elementen erhöht haben sollten; und sie verlängerten die Fehlerbaken im Diagramm der Verhältnisse von Eisen- und Magnesiumoxid so weit, bis sie behaupten konnten, es seien keine Unterschiede erkennbar. Nach und nach haben aber die aus den chemischen Untersuchungen gewonnenen Befunde die meisten Forscher davon überzeugt, daß das Abspaltungsmodell einer kritischen Überprüfung nicht standhält.

Die dritte klassische Theorie ist die Doppelplaneten-Hypothese, wonach Mond und Erde nahezu gleichzeitig aus einer Wolke aus Gas und Staub entstanden sein sollen. Der Mond hätte sich demnach aus einem Materiering gebildet, der die Urerde umgab und sich schließlich zusammenzog…

Warum der Mond aber im Vergleich zur Erde einen so kleinen metallischen Kern aufweist, machte dieses Modell nicht verständlich.

Richard J. Greenberg, Stuart J. Weidenschilling und einige ihrer Mitarbeiter vom Institut für Planetenwissenschaften und von der Universität von Arizona in Tucson gingen das Problem im Jahr vor der Konferenz in Kona an. Sie schlugen als Erklärung vor, daß der Materiering quasi als Filter wirkte: Die Gesteinsteile einfallender Materiebrocken wären demnach leicht zerfallen und in den Ring integriert worden, während die metallischen Anteile bis zur Erde durchgedrungen seien. Über die Effizienz dieses Prozesses wurde viel diskutiert; viele Forscher zweifelten daran, daß einfallende Himmelskörper wirklich in Kern- und Mantelmaterial hätten aufgetrennt werden können.

Zwar vermag die Doppelplaneten-Hypothese zu erklären, daß Erde und Mond sich im Verhältnis der Sauerstoff-Isotope ähneln, aber nicht, daß ihre Konzentrationen an flüchtigen und refraktären Substanzen so unterschiedlich sind. Entscheidender ist jedoch, daß auch gegen sie der heutige Drehimpuls des Erde-Mond-Systems spricht, daß also ein Erdentag 24 Stunden dauert – dies ist schneller, als aufgrund einfacher Zuwachsmodelle zu erwarten wäre; und unklar bleibt, warum der postulierte Ring so schnell rotieren sollte, daß er in einer Erdumlaufbahn bleiben konnte."[20]

Die vierte Theorie, Kollisionstheorie genannt, erlebte durch die Apollo-Missionen einen starken Auftrieb. Sie geriet vom Außenseiter zum Favoriten.

Der Autor erwartete während der Vorbereitung der Tagung in Kona weitere Argumente der Verfechter der hoffnungslosen

---

20 Taylor, G. Jeffrey: Ursprung und Entwicklung des Mondes. In: Spektrum der Wissenschaft, September 1994, S. 59-61

klassischen Theorien. Er war überrascht, dass nur wenige neue Modifikationen vorgebracht wurden. Vielmehr zeigte sich eine zunehmende Begeisterung an einer über lange Zeit unbeachtet gebliebene Hypothese – der Kollisionstheorie. „Am meisten erstaunt war wohl Hartmann, einer ihrer Urheber. Gegen Ende der Tagung war man sich weitgehend einig: Ein riesiger Himmelskörper muß in die noch junge Erde eingeschlagen sein und das Material, aus dem sich schließlich der Mond bildete, herausgeschleudert haben..."[21]

„Ein solches Szenario hatten Hartmann und sein Kollege Donald R. Davis bereits 1975 erwogen. Sie hatten untersucht, wie sich Planeten aus kleineren Materiebrocken bilden und dabei festge-

---

21 Ebenda, S. 61, mit Abbildung

stellt, daß zahlreiche große Himmelskörper – zum Teil von der Größe des Mars – in die Nähe der Erde gelangt sein dürften. Bei direkter Kollision wären Trümmermassen bis in eine Erdumlaufbahn geschleudert worden und hätten das Rohmaterial für die Bildung des Mondes geliefert. Alastair G. W. Cameron vom Harvard-Smithsonian-Zentrum für Astrophysik in Cambridge (Massachusetts) und William R. Ward vom Jet Propulsion Laboratory in Pasadena (Kalifornien) schlugen ein Jahr später dasselbe Modell unabhängig davon vor, als sie eine Lösung für das Drehimpulsproblem suchten; sie beschrieben auch, wie das Material in eine Umlaufbahn gelangt sein könnte, ohne auf die Erde zurückzufallen.

Die Grundidee ist sogar noch 30 Jahre älter. Zwei Pioniere der Mondwissenschaften, Ralph B. Baldwin von der Oliver Machinery Company in Grand Rapids (Michigan) und Don E. Wilhelms vom Geologischen Dienst der USA in Menlo Park (Kalifornien) haben herausgefunden, daß der Geologe Reginald A. Daly von der Harvard-Universität in Cambridge bereits 1946 vermutete, der Mond sei bei einem streifenden Zusammenprall eines planetengroßen Objekts mit der Erde entstanden. Er beschrieb die Grundzüge der Kollisionstheorie in einer (trotz einiger Fehler) fundierten Veröffentlichung, die indes völlig unbeachtet blieb. Aber selbst wenn viele Forscher sie gelesen hätten, wäre diese Vorstellung vermutlich verworfen worden; denn damals hatte man noch nicht erkannt, daß Kollisionen bei der Bildung von Planeten eine wichtige Rolle spielen.

Hingegen gilt die Kollisionstheorie auch seit der Konferenz in Kona bis heute unangefochten als die wahrscheinlichste Erklärung für die Entstehung des Mondes. Mit ihr lassen sich mehr empirische Befunde erklären als mit anderen Hypothesen: So gibt es diesem Modell zufolge im Mondinnern deshalb kaum metallisches Eisen, weil der Kern des eingeschlagenen Himmelskörpers in der Erde steckengeblieben ist und der Mond aus den silikatischen Anteilen beider Kollisionspartner gebildet wurde; und das unterschiedliche Verhältnis von Eisen- zu Magnesiumoxid in Erde und Mond ist darauf zurückzuführen, daß das lunare Gestein zumeist aus dem einschlagenden Körper stammt (man nimmt an, daß es weniger Eisenoxid enthielt als die Erde).

Die ungeheure Wärmeentwicklung bei der Kollision ließ das Mondmaterial buchstäblich ausdörren – nicht nur Wasser, sondern alle flüchtigen Elemente und Verbindungen verdampften. Demgegenüber stieg der Anteil an refraktären Substanzen, denn sie kondensierten beim Abkühlen als erste und wurden in den sich bildenden Mond eingelagert. Die Verhältnisse der Sauerstoff-Isotope von Mond und Erde sind gleich, weil die Erde und der aufprallende Körper in derselben Region des sich entwickelnden Sonnensystems entstanden waren. Schließlich läßt sich auch das schwierigste Problem, der Drehimpuls des Erde-Mond-Systems, verstehen: Das etwa marsgroße Objekt muß die Erde seitlich getroffen und dadurch ihre Rotationsgeschwindigkeit auf den heutigen Wert erhöht haben.

Besonders befriedigend an dieser Theorie ist, daß eine solch gigantische Kollision sich als natürliche Folge der Planetenentstehung ergeben haben kann und man keine außergewöhnlichen oder eigens für diesen Zweck konstuierten Annahmen einführen muss. Vielleicht war ein solcher Treffer nicht einmal ein Einzelfall im Sonnensystem – mit ähnlich kollossalen Einschlägen erklären Planetenwissenschaftler inzwischen die Zusammensetzung des Merkur und die starke Achsneigung des Uranus gegenüber seiner Bahnebene. Und im Nachhinein brauchen wir derart urgewaltigen Ereignisse in der Frühgeschichte unseres kosmischen Archipels auch nicht als katastrophal zu interpretieren: Ohne den irdischen Trabanten gäbe es keine ausgeprägten Gezeiten der Weltmeere; die Erde würde sich langsamer drehen, so daß ein Tag vielleicht – wie auf der Venus – ein ganzes Jahr dauerte, und die Entwicklung des Lebens bis zum Menschen hätte vermutlich gar nicht stattgefunden."[22]

Die aus der Erde herausgeschlagenen Trümmermassen flogen zusammen mit den Restbeständen des Kollisions-Objektes mit einer Geschwindigkeit von der Erde weg, die ausreichte, in eine Bahn um die Erde gezwungen zu werden. Während diese Trümmer sich in einer Spiralbahn allmählich von der Erde entfernten, schlossen sie sich zusammen: Um einen festen Kern bildete sich „eine mehrere hundert Kilometer mächtige Magmahülle, die an der Bildung von Kruste und Mantel beteiligt war und die umformenden Prozesse beschleunigte. Diese Theorie vom Magmameer spielt seit der Untersuchung der ersten Bodenproben von *Apollo 11* in der Mondwissenschaft eine zentrale Rolle.

Die Mondfähre *Eagle* landete im Mare Tranquilitatis, dem Meer der Ruhe, einer jener großen, dunkelgrauen Oberflächenformationen, die dem Erdtrabanten ein Gesicht aufzuprägen scheinen.

---

[22] Ebenda, S. 61f

Diese Maria sind Überreste riesiger Lavaströme, die vor Jahrmilliarden aus dem Inneren emporquollen."[23]

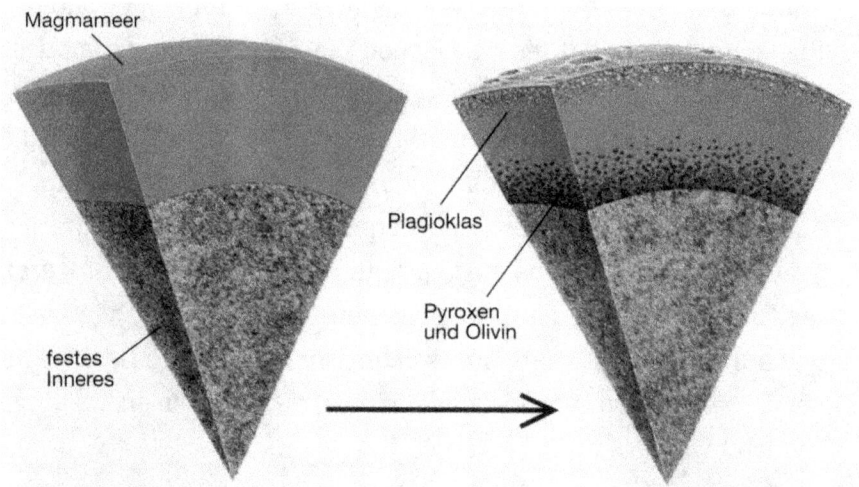

Bild 3: Ein Meer aus geschmolzenem Gestein soll einst das gesamte feste Mondinnere umhüllt haben. Im Laufe von 100 Millionen Jahren kristallisierte das Magma. Dabei stieg leichteres Material (vorwiegend Plagioklas oder Kalknatronfeldspat) an die Oberfläche und verfestigte sich zur Mondkruste. Spezifisch schwerere Verbindungen, vorwiegend Olivin und Pyroxen, sanken ab und bildeten den Mondmantel.

„Die von den Astronauten Neil Armstrong und Edwin Aldrin gesammelten Proben bestehen hauptsächlich aus titanreichem Basaltgrundgestein. Sie brachten aber auch Regolith mit, ein Konglomerat aus losen Gesteinstrümmern, welche bei Meteoriteneinschlägen hochgeschleudert worden waren. Das ist gleichsam das Erdreich des Mondes und bedeckt den größten Teil seiner Oberfläche in einer Mächtigkeit bis zu zwanzig Metern.

Die Regolithproben enthalten einen geringen Anteil weißer Steinchen und Splitter, die hauptsächlich aus Plagioklas oder Kalknatronfeldspat – Calcium-Natrium-Aluminiumsilicat – bestehen.

---

23 Ebenda, S. 62, mit Abbildung

Einige Gesteine, die Anorthosite, sind nahezu reiner Kalkfeldspat. John A. Wood vom Harvard-Smithsonian-Zentrum für Astrophysik und Joseph V. Smith von der Universität Chicago (Illinois) vermuteten unabhängig voneinander, daß diese ungewöhnlichen, den Regolith durchsetzenden Teilchen durch Meteoriteneinschläge aus den weit entfernten Hochländern oder Terrae (den hellen Gebieten des Mondes) an ihren Fundort geschleudert worden seien; demnach müsse das Gestein der Hochländer reich an Feldspat sein. Dies wurde von *Apollo 16* und einigen der in Mondhochländern gelandeten unbemannten Sonden bestätigt. Auch chemische Fernanalysen – etwa anhand der Absorptionsbanden des vom Mond reflektierten Lichts – aus den Kommandokapseln von *Apollo 15* und *Apollo 16* sowie per Teleskop von der Erde aus, wie sie mein Kollege B. Raymond Hawke und seine Mitarbeiter von der Universität von Hawaii in Honolulu vornahmen, bestätigten diese Hypothese.

Wood und Smith begnügten sich jedoch nicht mit dieser Erklärung. Sie wollten wissen, warum die Mondhochländer so reich an Plagioklas sind. Möglicherweise hat sich dieses Mineral an der Oberfläche flüssigen Magmas angesammelt – so wie die Schlacke auf geschmolzenem Eisen. Ähnliches findet auf der Erde in grossen Magmamassen statt, den sogenannten geschichteten Intrusionen, die sich durch das Absinken schwerer und das Aufsteigen leichter Minerale bilden. Wood und Smith zufolge schwamm auch der lunare Feldspat auf und erstarrte schließlich zu Krustengestein; schwere Minerale aus Eisen- und Magnesiumsilicaten (Olivin und Pyroxen) sanken hingegen ab und bildeten den Mantel. Wenn nun aber alle Mondhochländer reich an Feldspat seien, so mutmaßten die beiden Wissenschaftler weiter, müsse das flüssige Ausgangsmaterial allgegenwärtig gewesen sein (Bild 3). Diese Vorstellung von einem steinernen Urozean wäre vor den Apollo-Missionen nicht denkbar gewesen.

Gestützt wird sie durch eine scheinbar nicht damit im Zusammenhang stehende Gesteinsgruppe, die Basalte der Maria. Diese sind reich an Olivin und Pyroxen – den beiden schweren Mineralen, die der Hypothese zufolge im Magmameer absanken. Sie gelangten vor etwa drei Milliarden Jahren in Form von Lava an die Oberfläche. Auffällig ist nun, daß ihnen das Spurenelement Europium fehlt, während es im Plagioklas der Mondhochländer reichlich vorhanden ist – und zwar entspricht der Überschuß genau der Verarmung im Mare-Basalt. Das deutet auf eine Entmischung im Magmameer, wobei sich in dem zuerst verfestigenden Krustenmaterial mehr Europium ansammelte.

Wenn aber ein solcher mondumspülender Ozean existierte – woher stammte dann die zur Verflüssigung des Gesteins erforderliche Energie? Ein Teil wurde möglicherweise bei der Bildung des Kerns freigesetzt, denn beim Absinken von metallischem Eisen entsteht Wärme. Und zusätzliche Energie stammte wohl aus dem Einschlag des Himmelskörpers auf die Erde; nach eingehenden Untersuchungen kamen Geophysiker zu dem Schluß, daß bis zu 65 Prozent des Materials beider Kollisionspartner in Magma umgewandelt worden sein müssen.

Die Theorie vom Magmameer wird inzwischen auch auf Planeten angewandt und verändert die Vorstellungen von Entwicklung und Frühgeschichte des Sonnensystems generell. Im Labor versucht man zu klären, wie im Magma Minerale entstehen und wie Spurenelemente sich zwischen noch flüssiger und kristallisierender Phase aufteilen. Andere Wissenschaftler denken über Vorgänge nach, die in einem Magmameer auf der Erde vor 4,5 Milliarden Jahren stattgefunden haben könnten (gab es hier einen solchen glutflüssigen Urozean, haben geologische Prozesse allerdings inzwischen allo Spuren davon ausgelöscht). Ich selbst habe Indizien dafür gefunden, daß einige Asteroiden, vor allem solche mit Eisenkern, in ihrer Frühgeschichte auch eine Magmahülle hatten. All diese Überlegungen und Erkenntnisse sind einfallsreichen Forschern zu verdanken, die einige Dutzend weißer Brocken in einem schwarzgrauen Haufen Mondgestein intensiv untersuchten.

Trotz allem stehen einige Experten der Magmameer-Theorie nach wie vor skeptisch gegenüber. Ihr Gegenargument sind die an Plagioklas armen Hochländer des Mondes. Eine endgültige Klärung könnte nur eine umfassende Untersuchung aus einer Umlaufbahn heraus bringen. Die NASA plant aber vorerst keine Missionen zur Erforschung des Erdtrabanten. Vor kurzem hat jedoch die Sonde *Clementine*, die das US-Verteidigungsministerium zum Test hochentwickelter Sensoren starten ließ, die spektroskopische Vermessung des Mondes abgeschlossen. Möglicherweise lassen sich aus den Daten schlüssige Informationen über den Gehalt an Plagioklas in der Mondkruste gewinnen."[24]

Die Apollo-Missionen erbrachten mit den Gesteinsproben neues Wissen um die weitere Entwicklung des Mondes. Es gab zu verschiedenen Zeiten kurz nach der Entstehung des Mondes heftige Bombardements durch Meteoriteneinschläge, die allmählich das

---
24 Ebenda, S. 62f

„Gesicht" des Mondes formten. „Die Mondhochländer sind besonders arg mitgenommen, was sich auch an den dort geborgenen Proben zeigt. Die meisten sind Breccien – aufgeschmolzene, vermischte, zertrümmerte und von Stoßwellen komprimierte Trümmergesteine. Überraschend ist ihr Alter. Im Jahre 1974 wiesen Fouad Tera, Dimitri A. Papanastassiou und Gerald J. Wasserburg vom California Institute of Technology in Pasadena darauf hin, daß sich bei Gestein aus den Hochländern zwei Zeitpunkte klar unterscheiden lassen: Der erste, vor etwa 4,4 Milliarden Jahren, markiert demnach das Ende der primären Differenzierung des Mondes, als das Auskristallisieren des Magmameeres im Wesentlichen abgeschlossen war. Den zweiten, vor etwa 3,9 Milliarden Jahren, kennzeichnet eine Phase heftigen Bombardements, das jegliche Spur früherer Einschläge tilgte und das Alter der Oberflächengesteine gleichsam auf null zurücksetzte; sie nannten dieses Ereignis „Mondkataklysmus." Ihrer Vorstellung nach sind viele Becken und großen Krater innerhalb einer kurzen Zeitspanne vor etwa 4 bis vor 3,85 Milliarden Jahren entstanden [...]. Das Alter fast aller datierten Gesteinsproben sowohl des Apollo-Programms als auch der sowjetischen *Luna-20*-Mission stimmt damit tatsächlich überein.

Manche jedoch zweifelten die Kataklysmus-Hypothese an. So meinte Baldwin, eine Ballung von Einschlagsereignissen werde nur durch die großräumige Verteilung weggeschleuderter Gesteinstrümmer vorgetäuscht, denn die meisten Bruchstücke stammten von einem riesigen Einschlag, bei dem das Mare Imbrium entstand (ein 1300 Kilometer weites Becken, das sozusagen das rechte Auge des Mondgesichts bildet). Seiner Ansicht nach haben sich zudem die höher gelegenen Bereiche der großen Bekken allmählich gesenkt, was auf ein Alter von 3,95 bis möglicherweise 4,3 Milliarden Jahren hinweisen könnte."[25]

Neuere Simulationen lassen vermuten, dass nicht nur ein Einschlag eines großen Himmelskörpers die Erde vor mehr als 4,5 Milliarden Jahren traf, sondern dass mehrere Himmelskörper von geringerer Größe nacheinander auf die Erde prallten und soviel Erdmaterial aus der Erde schleuderten, dass daraus der Mond entstand. Das würde auch erklären, dass die untersuchten Proben von der Mondoberfläche eine derartige Gleichartigkeit mit dem Gestein der Erdoberfläche besitzen.[26]

Es bleibt also spannend, diese Forschung weiter zu verfolgen. Wichtig ist für uns, dass die Materie des Mondes aus der Erde herausgeschlagen wurde und somit genauso nützlich und verwendbar ist wie die Rohstoffe des Erdmantels. Das führt zur Überlegung, dass Material für Raumstationen und Weltraumfähren auf dem Mond in ausreichender Menge vorhanden sind, so dass wir eine entsprechende Industrie auf dem Mond aufbauen könnten, die einen Fährverkehr zum Planeten Mars und zu Weltraumstationen wie der ISS ermöglichen.

Es wird kein kostengünstiges Vergnügen sein, aber eine Erweiterung unseres Horizonts, ähnlich der Erfahrung, die uns Christoph Kolumbus beschert hat. Seitdem wissen wir, dass die Erde eine Kugel ist.

---

25 Ebenda S. 63ff mit Abbildung (Ausschnitt) auf der nächsten Seite
26 Willmann, Urs: Zwanzig kleine Stupser. In: DIE ZEIT Nr. 3 vom 12.01.2017, S. 33

Bild 6: Diese kraterübersäten Hochländer auf der erdabgewandten Mondseite östlich des Mare Smythii entstanden vermutlich während eines geologisch sehr kurzen Zeitraumes. Der Kataklysmus-Hypothese zufolge war der Erdtrabant vor ungefähr 4 bis 3,85 Milliarden einem intensiven Bombardement durch Meteoriten ausgesetzt.

In der Zeitschrift „Spektrum der Wissenschaft" vom Mai 2011 erschien in der Rubrik „Forschung aktuell" auf den Seiten 14 und 15 ein kurzer Artikel von Thorsten Dambeck: „Das eiserne Herz des Mondes". Der Untertitel lautet: „Eine neue Analyse jahrzehntealter Bebenmessungen zeigt: Wie die Erde besitzt auch der Mond einen eisenreichen Metallkern. Und offenbar ist er ebenfalls zum Teil geschmolzen."[27]

Im Laufe der Apollo-Missionen von 1969 bis 1972 installierten die Astronauten auf der Oberfläche verteilt etliche Seismometer. Die mit diesen Instrumenten vorgenommenen Messungen „sind einzigartig in der Weltraumforschung, denn bis heute liegen nur vom Erdmond verwertbare seismische Messungen vor. Aus deren Analyse sowie aus Messdaten des lunaren Schwerefelds folgerten Forscher unter anderem, dass die Mondkruste auf der erdzugewandten Seite nur halb so dick ist wie auf der Rückseite (siehe »Die zwei Gesichter des Mondes«, SdW 11/2009, S. 42).

Jahrzehnte später haben sich die Bebendaten nun erneut als Fundgrube erwiesen. Wie das Wissenschaftsmagazin »Science« im Januar meldete, konnte ein internationales Team um die USForscherin Renee Weber vom Marshall Space Flight Center der NASA mit ihrer Hilfe zwei fundamentale Fragen beantworten: Besitzt der Mond einen metallischen Kern? Und wenn ja: Ähnelt er dem teilweise flüssigen Eisen-Nickel-Kern der Erde oder ist er völlig erstarrt?

Informationen über die Schichtenfolge in einem Himmelskörper

---

27 Dambeck, Thorsten: Das eiserne Herz des Mondes. In: Spektrum der Wissenschaft, Mai 2011, S. 14f

lassen sich nach einem einfachen Prinzip erheben: »Wenn seismische Wellen den Mond durchdringen und in einer bestimmten Tiefe auf Schichtgrenzen stoßen, wo sie reflektiert werden«, erklärt Koautorin Peiying Lin von der Arizona State University, »dann sollten solche Signale auch in den Seismogrammen auftauchen.« Sie tatsächlich zu entdecken, erwies sich im Fall der Apollo-Daten aber als schwierig. Denn die Reflexionen von der Kern-Mantel-Grenze sind so schwach, dass sie im Hintergrundrauschen untergehen. Auch aus einem weiteren Grund widersetzte sich das Rätsel um den Mondkern lange seiner Aufklärung. Das Netzwerk der Seismometer war nicht optimal: Es deckte nur ein kleines Gebiet der Mondoberfläche ab, das noch dazu ausschließlich auf der Vorderseite des Mondes lag. Außerdem waren nur vier der fünf Bebenmesser tatsächlich längere Zeit im Einsatz."[28]

Mit diesen Instrumenten wurden rund 13000 Mondbeben aufgezeichnet. Aus Kostengründen wurden sie 1977 abgeschaltet.

„Verglichen mit irdischen Erschütterungen sind die Beben schwach und erreichen zumeist kaum die Stufe 2 der Richterskala. Die meisten stammen aus dem Mondmantel, aus Tiefen zwischen 800 und 1200 Kilometern. Etwa 100 aktive Zonen, so genannte Bebennester, haben die Forscher dort lokalisiert. Seit mehreren Jahren sind nun Bemühungen in Gang, die Daten mit zeitgemäßen Methoden neu zu untersuchen. Dabei erzielten die Forscher schon wichtige Teilergebnisse. Rund 7000 Mondbeben haben sie mittlerweile Nestern zugeordnet und außerdem die Modelle verfeinert, mit denen sie die – von irdischen Gezeitenkräften ausgelöste – Ausbreitung von seismischen Wellen im Mond und insbesondere

---
28 Ebenda

ihre Geschwindigkeit beschreiben. Weiterhin identifizierten die Planetologen einander überlagernde zeitliche Muster, in denen die Erschütterungen auftreten. Das größte ungelöste Rätsel blieb allerdings der Mondkern. Forscher hatten zum Beispiel geglaubt, Meteoriteneinschläge auf der Mondrückseite zu seiner Vermessung heranziehen zu können, denn auch ein solcher Aufprall hinterlässt Spuren in den Seismometerdaten. Doch ihre Studien erbrachten kein eindeutiges Ergebnis. Nur mit neuen Messungen, so lautete ein unter Experten verbreitetes Mantra, lasse sich der vermutete Kern nachweisen. Mit großem Rechenaufwand hat Renee Webers Team nun gezeigt, dass die alten Daten eben doch die nötigen Informationen beinhalten. Zunächst überlagerten die Forscher die Seismogramme vieler Beben aus jeweils demselben Bebennest. Auf diese Weise konnten sie das statistische Rauschen dämpfen und die Datenqualität verbessern. Dieser »Stapelung« folgt das »Array Processing«: Dabei werden Erdbebendaten mehrerer Seismometer addiert und gemeinsam analysiert. Durch numerische Methoden lassen sich dabei Signale, die aus bestimmten Richtungen stammen, im Vergleich zu den anderen Richtungen verstärken. Diese Art der Kontrastverstärkung hebt auch die so genannten P-Wellen hervor, die fast senkrecht aus dem Mondboden kommen. P-Wellen schwingen wie Schallwellen in Ausbreitungsrichtung und durchqueren auch geschmolzenes Material. So durchlaufen sie den gesamten Mondkörper und enthalten damit Informationen über seinen Kern. In einem weiteren Schritt werden die Seismogramme derart synchronisiert, dass sich die bei einer bestimmten Größe des Kerns erwarteten Reflexionen addieren und aus dem Rauschen hervortreten. Durch systematisches Ausprobieren ermitteln die Forscher den richtigen Wert. Beide Methoden zusammen führten schließlich zum Erfolg: Im tiefsten Inneren des Mondes kam allmählich ein kleiner Metallkern zum Vorschein.

Weitere Informationen lieferten die S-Wellen. Anders als P-Wellen schwingen sie senkrecht zur Richtung ihrer Ausbreitung und können keine Flüssigkeiten durchdringen. Ihre Analyse ergab, dass der Mondkern ähnlich dem Erdkern aus einer flüssigen und einer festen Zone besteht. Der innere Kern des Mondes ist fest, sein Radius beträgt 240 Kilometer. Es folgt eine flüssige metallische Schicht, die 90 Kilometer mächtig ist und bis zu sechs Prozent Schwefel enthalten soll. Insgesamt dürfte der Mondkern zu etwa 40 Prozent erstarrt sein. Den gesamten Kernradius beziffern die Autoren mit 330 plus/minus 20 Kilometern, bei einem Mondradius von knapp 1740 Kilometern. Oberhalb des Kerns folgt dann eine teilweise geschmolzene Schicht aus Gestein, die sich bis zu einer Distanz von 480 Kilometern vom Mondzentrum erstreckt. Ähnliche Zonen existieren auch im oberen Erdmantel, erklärt Weber: »Die irdische Asthenosphäre in rund 100 bis 150 Kilometer Tiefe ist ebenfalls teilweise geschmolzen.« Auf dieser plastisch verformbaren Gesteinsschicht bewegen sich die Platten der starren Lithosphäre. Wie muss man sich nun ihr Pendant tief im Mondinneren vorstellen? Die Wissenschaftlerin greift für einen Vergleich ins Bäckereiregal: »Wie Rosinen im Teig liegen, so ist die Schmelze in die feste Gesteinsmatrix eingebettet.« Eine alternative Möglichkeit sei, dass die Schmelze homogener verteilt ist und sich filmartig über Materialgrenzen im Gestein gelegt hat.

Mittlerweile konnten auch weitere Wissenschaftler die Existenz des Mondkerns bestätigen. So stellte das Team um Raphael F.

Garcia von der Université de Toulouse seine Resultate im vergangenen Dezember auf einer Konferenz der American Geophysical Union in San Francisco vor. Die Forscher hatten die Daten der Apollo-Seismometer mit einer anderen Methode untersucht. Sie konzentrierten sich auf eine kleine Auswahl von Beben, deren Nester hinreichend genau lokalisiert sind. Für den Radius des Kerns erhalten sie mit 350 plus/minus 20 Kilometern einen weit gehend mit Webers Ergebnissen übereinstimmenden Wert.

Ob die ermittelten Zahlen durch zukünftige Arbeiten bestätigt werden, muss sich laut Martin Knapmeyer vom Deutschen Zentrum für Luft und Raumfahrt (DLR) noch zeigen. Als gesichert sieht er hingegen die Existenz des Kerns und die Erkenntnisse über seine Schichtung an. Der Berliner DLR-Forscher, der an der Publikation nicht beteiligt war, vergleicht den Durchbruch in der Mondphysik mit der ersten Vermessung des Erdkerns durch den deutsch-amerikanischen Seismologen Beno Gutenberg vor rund einem Jahrhundert. Bessere Modelle des lunaren Mantelgesteins könnten Knapmeyer zufolge auch bei der weiteren Vermessung des Kerns helfen. Erst wer dessen genaue Ausmaße kennt, kann die Entstehungsgeschichte des Mondes und seine weitere Entwicklung verstehen.

Dafür interessieren sich auch Geophysiker, denn wahrscheinlich entstand der Mond infolge der Kollision der jungen Erde mit einem marsgroßen Protoplaneten. Letzterer wurde dabei zwar zerstört. Teile seines Kernmaterials existieren jedoch bis heute als metallisches Zentrum des Mondes."[29]

---
[29] Ebenda, mit Abbildung auf der nächsten Seite

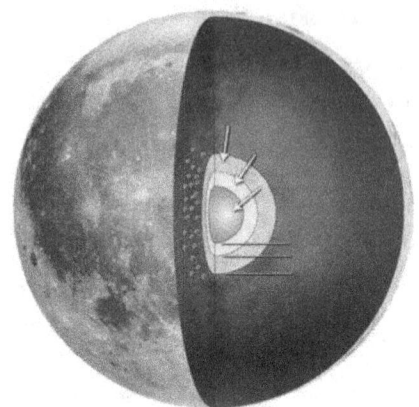 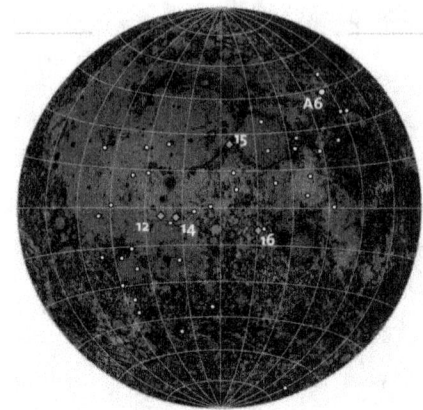

RENEE WEBER / NASA, MSFC   RENEE WEBER / NASA, MSFC

Das Innere des Mondes ist vermutlich teilweise flüssig (Bild links). Forscher fanden dies heraus, als sie die Daten der von Apollo-Missionen hinterlassenen seismischen Instrumente (Bild rechts, rote Diamanten) jetzt neu auswerteten. Die roten Punkte im Bild links markieren tief gelegene Epizentren von Mondbeben, im rechten Bild sind Epizentren durch weiße Punkte gekennzeichnet. Daten zum Epizentrum A6 (gelber Punkt rechts) illustrierten in der »Science«-Veröffentlichung die Verfahren der Autoren.

3. Der Mond als erreichbarer Trabant

Ein Wettlauf der Giganten startete in der Mitte des zwanzigsten Jahrhunderts, als die Völker der Erde die Spuren des zweiten Weltkriegs allmählich beseitigt hatten. Die mächtigsten Siegermächte USA und UdSSR starteten zur Erkundung des Weltraums. Ihnen kam zupass, dass deutsche Raketenbauer mit einiger Überredungskunst gewonnen werden konnten, ihr Fachwissen in den Dienst der jeweiligen Siegermacht zu stellen.

Der erste Schritt gelang der UdSSR (Union der Sozialistischen Sowjetrepubliken, gegründet 1918 nach dem ersten Weltkrieg) am 5.10.1957 mit dem ersten künstlichen Erdsatelliten Sputnik (der russische Begriff für Weggefährte). Der Satellit war wie auch seine Trägerrakete unter Leitung von S. P. Koroljow entwickelt worden. Mit dem Start von Sputnik1, kugelförmig mit vier Stabantennen, vom Kosmodrom Baikonur „begann die Ära der Weltraumflüge."[30]

Der zweite Sputnik wurde mit der Polarhündin Laika in den Orbit um die Erde geschossen. Sie war das erste Lebewesen im Orbit. Im Jahr 1958 folgte Sputnik3. Darauf folgten in den Jahren 1960 und 1961 weitere unbemannte Sputniks bis zur Nummer 10.

Kurze Zeit später, am 12.4.1961, umkreiste der erste Mensch die Erde in einem sowjetischen Raumfahrzeug: Juri Alexejewitsch Gagarin. Dieser Flug dauerte eine Stunde und 48 Minuten.[31]

---

30 DIE ZEIT: Das Lexikon in 20 Bänden, Hamburg 2005, Band 14 S. 55
31 Ebenda, Band 05, S. 225

Angespornt vom sowjetischen Erfolg legten die USA das Mercury-Programm auf. Die Amerikaner wollten ebenfalls den Weltraum erreichen. Mit Hilfe des aus Deutschland abgeworbenen Ingenieurs Wernher von Braun wurden Raketen konstruiert, die große Lasten in den Erdorbit transportieren konnten.

Zwischen 1961 und 1963 führte die NASA sechs Flüge durch. Zunächst wurde die Raumflug- und Leistungsfähigkeit von Menschen mit Einmannkapseln in kurzen Einsätzen von 15 Minuten Dauer unter Schwerelosigkeit untersucht. Außerdem wurde die Rückkehr und Bergung der Mercury-Kapseln erprobt.

„Danach wurden vier bemannte Flüge auf Erdumlaufbahnen durchgeführt."[32]

Nach erfolgreichen Einsätzen legten die US-Amerikaner das Gemini-Programm auf, das in weiteren Exkursionen in den Erdorbit Erfahrungen sammeln sollte. Insbesondere sollten nach der Testphase zwei Mann Besatzung die Erde umkreisen.

Die Gemini-Kapsel wog rund 3,2 Tonnen. Zehn bemannte Raumflüge wurden durchgeführt. Das Gemini-Programm „demonstrierte erfolgreich die Möglichkeit längerer bemannter Raumflüge, es erprobte Maßnahmen für Rendevous- und Kopplungsmanöver in der Umlaufbahn (u. a. Andocken an unbemannte Agena-Zielraketen) sowie für Arbeiten außerhalb der Kapsel und wies die Fähigkeit zum exakt gesteuerten Wiedereintritt in die Atmosphäre mit Punktlandung nach."[33]

---

32 Ebenda, Band 09, S. 497
33 Ebenda, Band 05, S. 340f, mit Abbildung auf der nächsten Seite

Gemini-Programm: Gemini-8-Andockmanöver am 16.3.1966

Das Rangerprogramm zur Vorbereitung der ersten bemannten Mondlandung (siehe Kapitel 1) erstreckte sich bis zum Jahr 1965. Darauf folgten bis 1968 sieben Surveyor-Sonden, von denen fünf erfolgreich eine weiche Mondlandung durchführten.

Bereits im Jahr 1959 arbeitete der deutschstämmige Ingenieur Wernher von Braun an der Entwicklung der Raketenantriebe zur Erkundung des Weltraums. Er war 1945 in die USA migriert und wurde zur Unterstützung der Entwicklung von militärischen und nicht-militärischen Raketenantrieben eingesetzt. Von 1959 bis 1972 arbeitete er als leitender NASA-Mitarbeiter und führte ab 1970 die Planungsabteilung. Er hatte wesentlichen Anteil am Start der künstlichen Erdsatelliten, „am Apollo-Programm und am Ausbau der Raumfahrt. Er entwickelte u. a. die Jupiter-C- und die Saturn-Raketen".[34]

Wie bereits in Kapitel 1 dargestellt, wurde die Erkundung des Mondes sorgfältig vorbereitet. Apollo 1 bis 6 diente vor Allem der exakten Beherrschung des Weltraumfluges, der insoweit erfolg-

---

34 Ebenda, Band 02, S. 374

reich verlief, dass die USA das Risiko weiterer Investitionen wagten und mit Apollo 7 bis 10 bemannte Flüge auf Erd- und Mondumlaufbahnen schickte.

Erst mit Apollo 11 gelang dann die erste Mondlandung. Sie wurde durchgeführt am 20. Juli 1969, dauerte einen Tag, und am 21. Juli 1969 konnte Neil Alden Armstrong als erster Mensch den Mond betreten. Sein Ausspruch bei dieser Gelegenheit wurde kolportiert und übersetzt mit „Ein kleiner Schritt für einen Menschen, ein großer Schritt für die Menschheit.".[35]

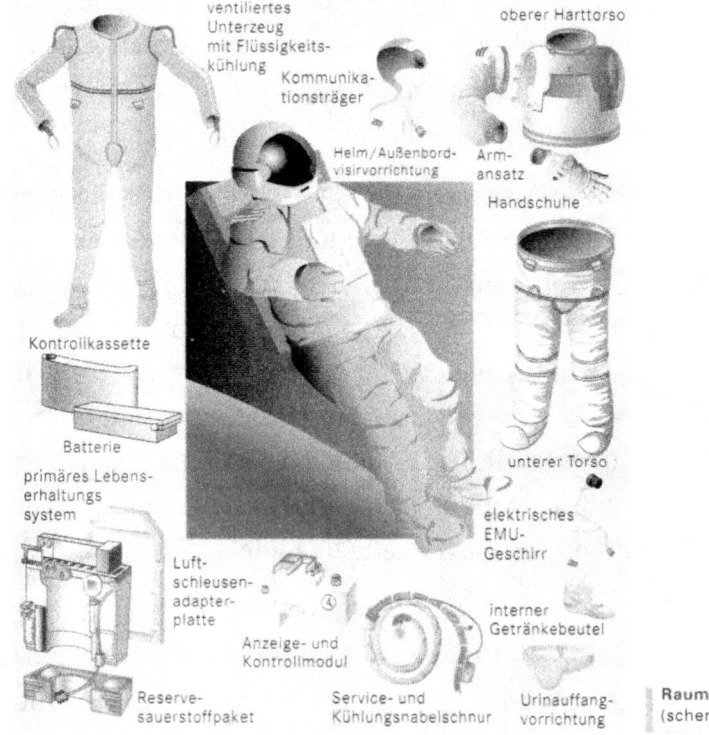

---

[35] Erinnerung des Autors, mit Abbildung aus: DIE ZEIT: Das Lexikon in 20 Bänden, Hamburg 2005, Band 12, S. 107

Weitere sechs Apollo-Flüge folgten und brachten weiteres Untersuchungsmaterial auf die Erde. Mit Apollo 17 wurde dieses Programm abgeschlossen. Weitere Untersuchungen mit den installierten Instrumenten und den Bodenproben folgten. Der gewonnene Datenumfang wurde bis jetzt weiterhin nach verschiedenen Fragestellungen durchsucht.

Am Ende des Kapitels 1 wurde aufgezeigt, dass es gewinnbringend wäre, Mondstationen zu errichten, um die Untersuchungsmöglichkeiten des Universums erheblich zu erweitern. Der Gewinn wäre eine Antennenbasis, die sich von der Erde bis zum Mond erstreckt, und für langfristige Beobachtungen sogar die der doppelten Entfernung. Aber nicht nur dafür lohnte es sich, Mondstationen zu errichten.

Im Februar 2004 veröffentlichte Paul D. Spudis in der Zeitschrift „Spektrum der Wissenschaft" den Artikel „Rückkehr zum Mond".

Der Untertitel lautet: „Die Mondforschung erlebt eine Renaissance: Mit ausgefeilter Technik erkunden unbemannte Sonden den Erdtrabanten und fahnden nach Wassereis."[36]

Es wurden mehrere Sonden zum Mond transportiert, die in den 1990er Jahren den Mond kartierten, unter anderen die Sonden Clementine und Lunar Prospector.

„Das wohl aufregendste Ergebnis von Clementine und Lunar Prospector waren die Hinweise auf Wassereis an den Polen des Mondes. Da die Rotationsachse des Mondes nur um 1,5 Grad geneigt ist und somit fast senkrecht zur Erdbahnebene steht,

---

36 Paul D. Spudis: Rückkehr zum Mond. In: Spektrum der Wissenschaft 2/2004, S. 58ff

befindet sich die Sonne, von den Mondpolen aus betrachtet, stets unmittelbar am Horizont. Dadurch ist ein Ort, der sich mindestens 600 Meter über dem Durchschnittsniveau der Mondoberfläche befindet, permanent dem Sonnenschein ausgesetzt. Umgekehrt befindet sich jeder Punkt, der mindestens 600 Meter unter dem Durchschnittsniveau liegt, im ewigen Schatten. In diesen Regionen ist die einzige Energiequelle der geringe Anteil an radioaktiver Strahlung aus dem Mondinnern und die kosmische Strahlung. Die Forscher haben abgeschätzt, dass in diesen dunklen Regionen – die bereits seit 2 bis 3 Milliarden Jahren existieren – Temperaturen von –223 bis –203 Grad Celsius herrschen. In diesen Kältefallen könnte sich Wassereis angesammelt haben, das von Kometen und Meteoriten zum Mond gebracht wurde, denn das Eis könnte dort niemals durch Sonnenlicht zum Verdampfen gebracht werden."[37]

---

[37] Ebenda, S. 64

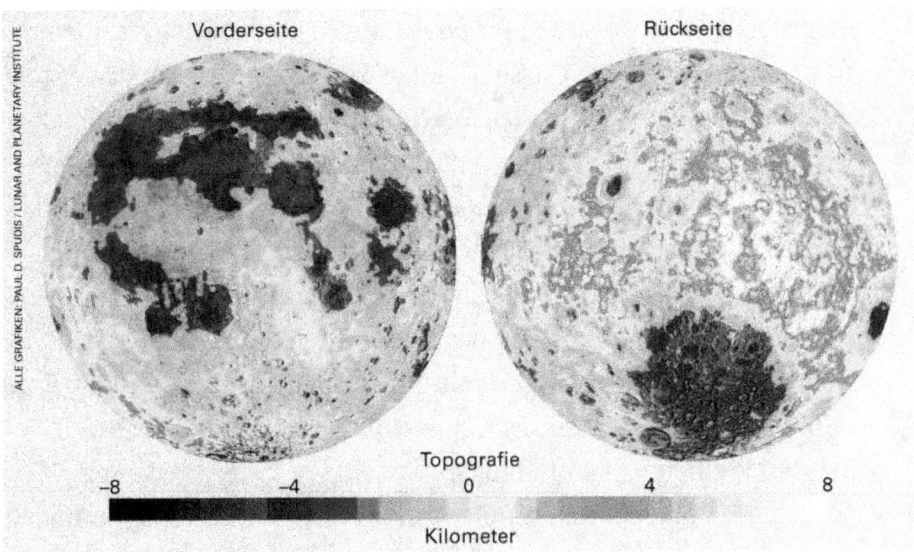

„**Anhand der Messdaten** von Clementine und Lunar Prospector konnte erstmals eine detaillierte topografische Karte des gesamten Mondglobus erstellt werden. Clementine ermittelte mit einem Laser-Entfernungsmesser während jedes Umlaufs einmal pro Sekunde den Abstand zur Mondoberfläche. Die enormen Ausmaße des Südpol-Aitken-Beckens werden in dieser Falschfarbendarstellung deutlich (purpurne Region auf der Mondrückseite). Diese durch einen Einschlag entstandene Struktur hat einen Durchmesser von 2600 Kilometern und ist bis zu 13 Kilometer tief."[38]

„Clementine hatte zwar kein spezielles Instrument an Bord, um nach polarem Eis zu suchen, doch den Missionsspezialisten gelang es, mit Hilfe des Senders der Sonde ein Experiment zu improvisieren. Während nämlich eine felsige Oberfläche Radiowellen streut, absorbiert Eis einen Teil der Strahlung und reflektiert den Rest kohärent. Als Clementine Radiowellen in die permanent im Schatten liegenden Regionen am Südpol des Mondes schickte, waren die reflektierten Signale typisch für eine vereiste

---
38 Ebenda, S. 62 mit Abbildung

Oberfläche. Vier Jahre später wies das Neutronen-Spektrometer des Lunar Prospector große Mengen an Wasserstoff in den dunklen Regionen an beiden Polen nach – die wahrscheinlichste Erklärung dafür ist, dass es sich um Wasserstoff in Molekülen von gefrorenem Wasser handelt. Schätzungsweise befinden sich in den oberen dreißig Zentimetern der Mondoberfläche an beiden Polen insgesamt über 10 Milliarden Tonnen Wasser. Allerdings wissen die Forscher bislang nichts über den physikalischen Zustand, die genaue Zusammensetzung und die Reinheit des Eises – und auch nicht, ob dieses Eis leicht zugänglich ist. Dieses Wissen können uns erst künftige Missionen liefern. Die von Clementine übermittelten Fotos zeigten auch, dass einige polnahe Regionen fast ununterbrochen im Sonnenlicht liegen. Ein Beispiel dafür ist der Rand des Kraters Shackleton, der während drei Viertel des Mondtages beleuchtet ist. Solche Regionen weisen eine relativ »gutartige« thermische Umwelt auf. Im Gegensatz zu den üblichen Temperaturschwankungen von –150 bis +100 Grad Celsius variieren die Werte hier nur von –60 bis –40 Grad. Für den Aufbau einer unbemannten oder bemannten Station in einer dieser sonnenreichen Regionen wären die Anforderungen an die Stabilität der Ausrüstung gegen Temperaturschwankungen erheblich verringert. Und wenn sich in einer nahe gelegenen, permanent dunklen Region zudem Eis abbauen ließe, könnte daraus Wasser für die Lebenserhaltungssysteme und Wasserstoff und Sauerstoff für Raketentreibstoff gewonnen werden. Der Erfolg der Flüge von Clementine und Lunar Prospector hat zu einer Renaissance der Mondforschung geführt: Mehrere Mondsonden sind gegenwärtig in verschiedenen Phasen der

Entwicklung und Vorbereitung. Im September 2003 startete die Esa-Sonde Smart-1. Ihre Hauptaufgabe ist zwar der Test eines Ionenantriebs während ihres 16-monatigen Flugs zum Mond, aber die Sonde ist auch mit einer Kamera und einem Röntgendetektor ausgestattet, mit dem sie nach der Ankunft in der Mondumlaufbahn die Oberfläche des Erdtrabanten untersuchen soll. Japan plant für 2004 den Start von Lunar A, einem Orbiter, der zwei so genannte Penetratoren in die Mondoberfläche schießen soll. Ausgestattet mit Seismometern und Wärmefluss-Sensoren sollen die Sonden Informationen über das Innere des Mondes liefern – vielleicht sogar eine Karte des Mondkerns. Ein Jahr später soll der größere japanische Orbiter »Selene« folgen, der die Mondoberfläche mit einer Weitwinkelkamera, einem Laser-Höhenmessgerät, einem Radargerät sowie Röntgen- und Gammaspektrometern kartieren soll. Die große Bedeutung des Südpol-Aitken-Beckens für die Mondforschung hat die Wissenschaftler auch auf die Idee gebracht, eine robotische Sonde dort niedergehen zu lassen, die Gesteinsproben einsammeln und dann zur Erde bringen soll. Das wichtigste Ziel eines solchen Vorhabens wäre es, Proben der Einschlagschmelze zu erhalten. Aus dieser Schmelze ließe sich dann ablesen, wann das Becken entstanden ist, und so der lunare Kataklysmus beweisen oder widerlegen.

Da es sich bei der Einschlagschmelze um ein Gemisch aller Gesteine handelt, die von dem herabstürzenden Asteroiden oder Kometen getroffen wurden, ließe sich daraus zudem Aufbau und Zusammensetzung der Mondkruste in der Becken-Region ermitteln. Einige Forscher vermuten sogar, dass der einschlagende Körper die Mondkruste durchschlagen und so Material des oberen

Mantels herausgeworfen hat, das möglicherweise aus Tiefen von bis zu 120 Kilometern stammt. In diesem Fall könnten die Gesteinsproben sogar Rückschlüsse auf die Zusammensetzung tieferer Schichten des Mondes liefern. Eine Sample-Return-Mission in das Südpol-Aitken-Becken ist zwar vom Konzept her einfach, doch schwer durchzuführen. Zunächst müssen die Planer anhand von Fernerkundungsdaten eine gute Landestelle auswählen, an der sich passende Gesteinsproben entnehmen lassen, mit deren Hilfe die Fragen nach Alter und Zusammensetzung des Becken beantwortet werden können. Da die Landestellen auf der Rückseite des Mondes liegen, müsste der Lander entweder vollständig autonom handeln oder über einen Relaissatelliten in der Mondumlaufbahn Kontakt zur Bodenkontrolle halten."[39]

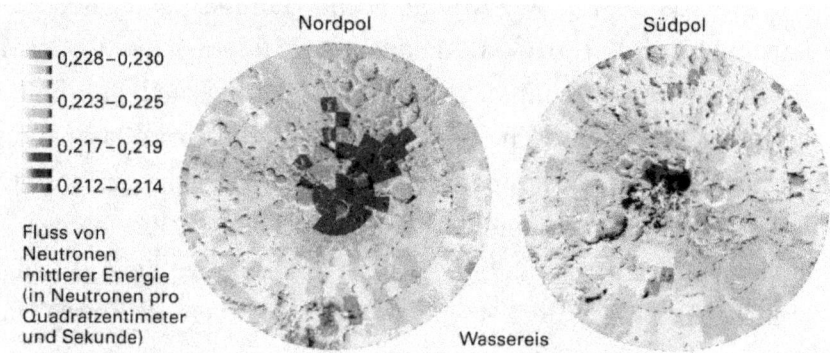

„**Lunar Prospector** bestätigte die von Clementine gefundenen Hinweise auf Wassereis an den Polen des Mondes. Das Neutronen-Spektrometer der Sonde registrierte aus den im Dauerschatten liegenden Gebieten weniger Neutronen mittlerer Energie (purpur) als anderswo. Diese Neutronen stammen aus der kosmischen Strahlung; durch Kollision mit Wasserstoffatomen auf der Mondoberfläche werden sie besonders stark abgebremst."[40]

---

39 Ebenda, S. 64f
40 Ebenda, S. 62 mit Abbildung

Im Dezember 2007 veröffentlichten die Ingenieurwissenschaftler Charles Dingell, William A. Johns und Julie Kramer White im Rahmen des Orion-Vorhabens von NASA und Lockheed Martin in der Zeitschrift „Spektrum der Wissenschaft" den Artikel „Der nächste Flug zum Mond" mit dem Unterartikel „2020 kehrt die Menschheit zum Mond zurück, dieses Mal nicht nur für einen kurzen Besuch. Der Apollo-Nachfolger Orion ermöglicht vier Astronauten, gleich ein halbes Jahr lang vor Ort zu bleiben."[41]

Startsysteme für bemannte Missionen, wie sie von der Nasa seit den späten 1960er Jahren entwickelt wurden beziehungsweise werden.

Saturn V   Space-   Ares I und Ares V
(Apollo)   shuttle   (Constellation/Orion)

Die schematisch dargestellten Startsysteme haben eine Höhe von bis zu mehr als 100 Metern. Das meiste Volumen wird für den Treibstoff benötigt. Die Nutzlast befindet sich jeweils in der Spitze des Systems, außer beim Space-Shuttle. Hier befindet sich das Fluggerät, das zurückkehren und auf der Erde landen kann, an den Treibstoffbehältern.

---

41 Charles Dingell, William A. Johns, Julie Kramer White: Der nächste Flug zum Mond. In: Spektrum der Wissenschaft 12/2007, S. 36ff, mit Abbildung auf der nächsten Seite (Ausschnitt)

„Das Orion-Raumschiff ist die zentrale Komponente des Constellation-Programms der US-Weltraumbehörde Nasa. Ziel der ehrgeizigen Multi-Milliarden-Dollar-Anstrengung ist die Entwicklung eines Transportsystems für den Weltraum. Im Rahmen des Programms sollen nicht nur Astronauten zum Mond und wieder zurück befördert, sondern auch die Internationale Raumstation ISS versorgt und irgendwann sogar Menschen zum Mars gebracht werden. Seit es Mitte 2006 ins Leben gerufen wurde, arbeiten Ingenieure und Forscher der Nasa sowie ihre Kollegen vom US-Luft- und Raumfahrtkonzern Lockheed Martin daran, Antriebsstufen, Mannschafts- und Servicemodule sowie Landesysteme zu entwickeln. Denn auch nach 2010, wenn die Spaceshuttle-Flotte eingemottet wird, wollen die USA weiter in der Lage sein, bemannte Missionen durchzuführen. Vor allem robust und bezahlbar soll die neue Technik sein. Um Entwicklungsrisiken und -kosten zu minimieren, greifen die Nasa-Planer auf viele bewährte technische Ideen des Apollo-Programms zurück. Schon das war eine Meisterleistung der Ingenieurskunst gewesen. Von 1969 bis 1972 hatte es 18 Menschen im Rahmen von sechs Missionen sicher zum Mond gebracht. Zwölf von ihnen betraten den Trabanten, sechs blieben auf Warteposition in einer Umlaufbahn. (Eine weitere Mission, die pannengeplagte Apollo 13, umrundete den Mond nur.) Nun überarbeiten die Ingenieure viele der Systeme und Komponenten und stellen sie um auf modernste Technologie. Das Ergebnis, so Nasa-Chef Michael Griffin, sei »Apollo on steroids« – im Kern also das alte Vehikel, aber runderneuert und auf Hochleistung getrimmt.

Die Mannschaftskapsel beispielsweise ist von außen fast dieselbe, doch unmittelbar unter der Hülle endet die Ähnlichkeit. Die Orion kann eine größere Mannschaft beherbergen: Bei Flügen zum Mond sollen sich vier Raumfahrer die etwa 20 Kubikmeter große Druckkabine teilen. Bei den schon ab 2015 geplanten Flügen zur ISS sind es sogar sechs. In den Apollo-Kapseln hingegen zwängten sich drei Astronauten (plus Ausrüstung) in gerade einmal zehn Kubikmetern zusammen.

Auch kann die Orion vieles, was Apollo noch nicht konnte. Neue strukturelle Komponenten sowie Computer- und Kommunikationstechnologie versetzen sie zum Beispiel in die Lage, vollautomatisch an andere Raumschiffe anzudocken. Zudem kann das neue Raumschiff sechs Monate lang in der Mondumlaufbahn parken – unbemannt. Sicherer ist sie obendrein: Zum Beispiel können bei einer Notfallsituation während des Starts kräftige Fluchtraketen die Mannschaft aus der Gefahrenzone bringen.

Der Start steht unmittelbar bevor. 110 Meter hoch ragt die zweistufige Ares V über den Salzmarschen auf dem Gelände des Kennedy-Raumflugzentrums in den Himmel. Die Frachtrakete, die fünf starke Raketenmotoren antreiben, wird noch vor den Astronauten ins All fliegen und ist fast so groß wie die legendäre Saturn V der Apollo-Ära. Der Haupttank der Ares V ist eine Weiterentwicklung des externen Shuttle-Tanks und liefert den RS-68-Triebwerken ein flüssiges Sauerstoff-Wasserstoff-Gemisch. Die Triebwerke wiederum sind eine Variante der in der Delta-IV-Rakete eingesetzten Exemplare, die derzeit bei militärischen und kommerziellen Starts zum Einsatz kommen.

Flankiert wird der zentrale Zylinder der Ares V von zwei Feststoffraketen, deren Technik ebenfalls aus dem Shuttle-System abgeleitet wurde. Sie liefern zusätzlichen Schub, um die »Earth Departure Stage« (EDS) mitsamt der käferförmigen Mondlandefähre Artemis ins All zu befördern. Die EDS ist eine Antriebsstufe, die dem Raumschiff später helfen wird, die Anziehungskraft der Erde zu überwinden. Sie basiert auf dem ebenfalls mit Sauerstoff und Wasserstoff angetriebenen J-2X-Triebwerk, einem Nachfolger des J-2-Triebwerks der Saturn V."[42]

Große Solarpaddel sammeln Energie, während das Nasa-Raumschiff Orion den Mond umkreist (Fotomontage). Bis zu 210 Tage kann es hier unbemannt warten, während seine Besatzung den Erdtrabanten erforscht.

---
42 Ebenda, S. 37-38, mit Abbildung

Ohne Risiko können derartige Raumflüge nicht durchgeführt werden. Die Erfahrung der vergangenen Jahrzehnte hat gezeigt, dass bisher 18 Astronauten bei bemannten Missionen ums Leben kamen. „1967 zerschellte die mit einem Mann besetzte Sojus 1 bei der Landung. 1971 erstickten drei Kosmonauten in der Sojus 11. 1986 zerbrach der Spaceshuttle Challenger kurz nach dem Start, sieben Menschen kamen ums Leben. Ebenso viele Astronauten starben 2003 bei der Rückkehr des Shuttles Columbia.

1967 zerbrach ein US-Raketenflugzeug beim Wiedereintritt in die Atmosphäre, der Pilot starb."[43]

Diese Rückschläge bewirkten weitere Forschung an der Technik der Raumflüge und der verwendeten Raumflugzeuge. Inzwischen stehen weiter entwickelte Raketenantriebe und Mannschaftskapseln zur Verfügung. Die Kosten für deren Realisierung werden jedoch sorgfältig geprüft, wie auch die Qualität der Planung.

Die Pläne sehen vor, dass für einen Mondflug zwei Raketen genutzt werden, Ares I und Ares V genannt. Letztere wird zuerst in eine Erdumlaufbahn geschossen und wartet als automatisches Raumschiff auf Ares I, mit der die Mannschaft und ein Service-Modul gestartet werden.

In etwa 300 Kilometern Höhe wird ein Rendezvous der beiden Teile durchgeführt. Die für die Starts benötigten Brennstufen der Raketen sind zu der Zeit leer und zur Wiederverwendung abgeworfen worden. Übrig bleiben die zur Mondlandung und zur Rückkehr benötigten Module. Für Notfälle ist ein LAS (Launch Abort System) vorhanden: „Einige Sekunden lang kann dieses

---

43 Ebenda, S. 38

Startabbruchsystem eine Schubkraft entwickeln, die dem Fünfzehnfachen der Masse von Mannschaftsmodul und Fluchtsystem entspricht. Bei einer Panne noch auf dem Boden würde der Fluchtturm sich selbst und die Kapsel bis in eine Höhe von 1200 Metern befördern, von wo aus eine Landung per Fallschirm möglich ist.

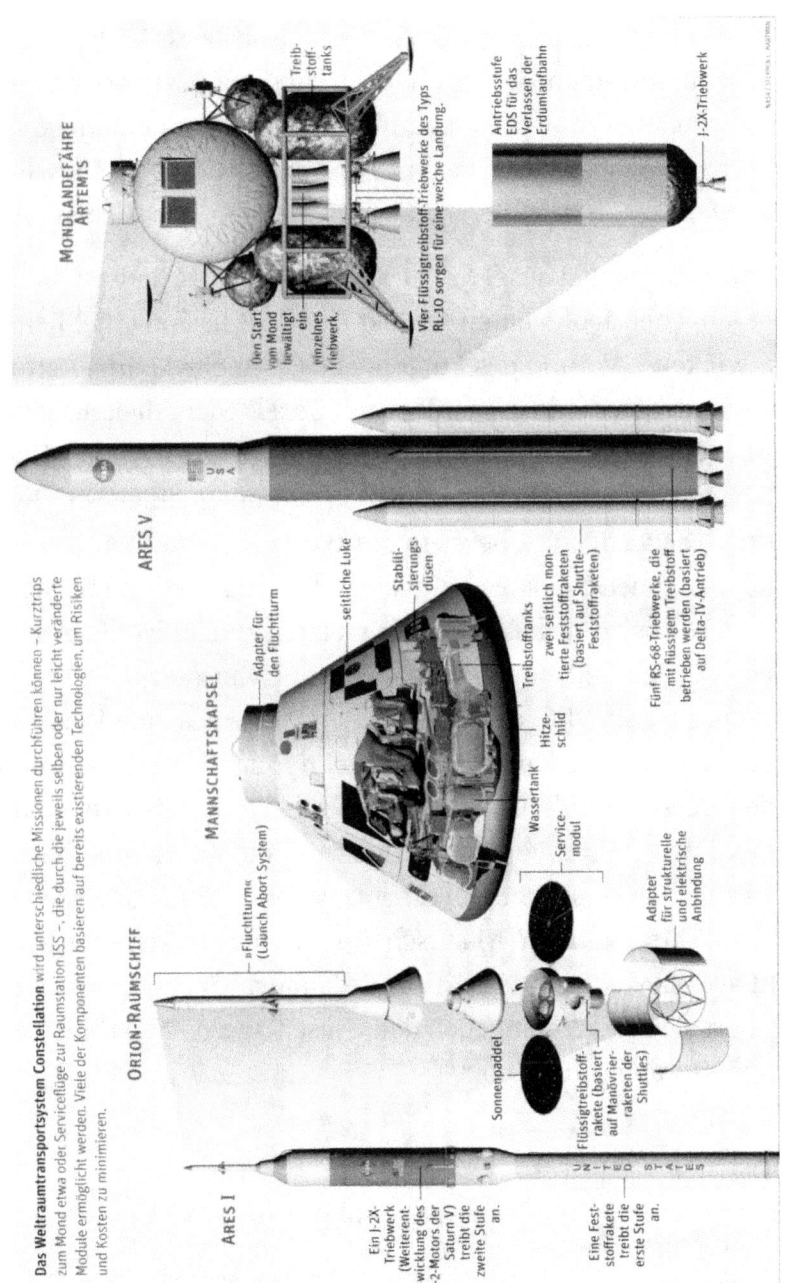

Auch seitlich entsteht genug Sicherheitsabstand: In der Horizontalen kann sich das System rund 1000 Meter von der Startrampe entfernen. In Kombination mit dem modernen Leit- und Kontrollsystem dürfte das LAS, so erwarten die Entwickler, der Mannschaft in 999 von 1000 (Not-)Fällen das Leben retten."[44]

Die Mannschaftskapsel des Orion-Raumschiffs hat sich in den vergangenen Jahrzehnten seit der Apollo-Mission erheblich weiter entwickelt. „Vorbild des Führerstands, den ein Apollo-Astronaut kaum wiedererkennen würde, sind die auf Sicherheit ausgelegten, redundanten Systeme moderner Flugzeuge wie etwa des Boeing-787-Dreamliners. Die Steuerung erfolgt durch einen »fly-by-wire«-Mechanismus, bei dem kraftvolle Stellmotoren von elektronischen Signalen an-gesteuert werden. Mechanische Schalter besitzt das Cockpit nur wenige, zudem ist die gesamte Technik auf sparsamen Energieverbrauch ausgelegt."[45] Das Mannschaftsmodul, das als einziges für die gesamte Reise gebraucht wird, „kann für bis zu zehn Flüge verwendet werden. Die tragende Struktur der Kapsel besteht zu großen Teilen aus einer leichten Legierung aus Aluminium und Lithium, die mit Titan verstärkt ist. Ein Hitzeschutzsystem an der Außenseite des Raumschiffs wird die Mannschaft nicht nur vor der sengenden Hitze des Wiedereintritts in die Erdatmosphäre schützen, sondern sichert sie schon jetzt gegen den Einschlag von Mikrometeoriten und Weltraumschrott ab."[46]

---

[44] Ebenda, S. 38-39, mit Abbildung (Ausschnitt)
[45] Ebenda, S. 39-40
[46] Ebenda, S. 39-42, mit Abbildung auf den nächsten Seite (Ausschnitt)

Kein eleganter Raumgleiter wird die Astronauten zum Mond bringen, sondern ein Stapel funktioneller Module, von denen die meisten nach und nach zurückgelassen werden. Die Grafik stellt die einzelnen Schritte der Mission dar, wie sie um 2020 stattfinden soll.

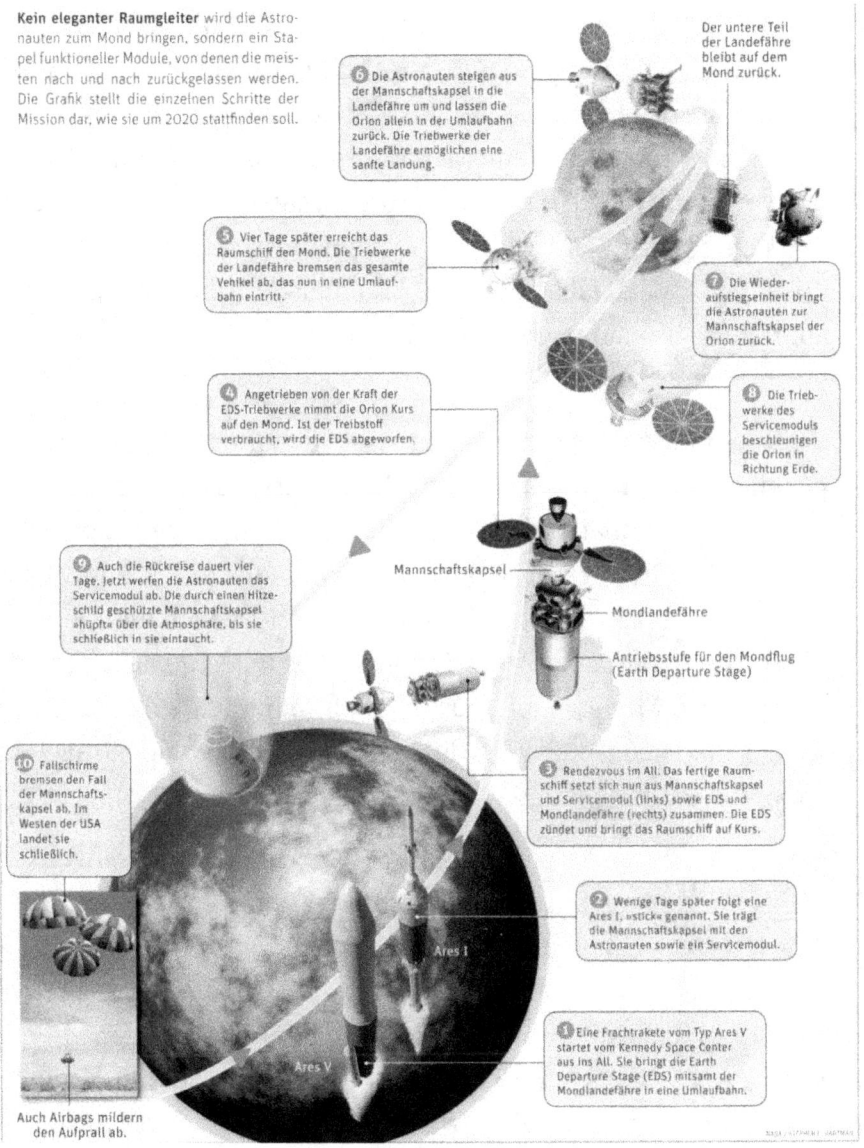

⑥ Die Astronauten steigen aus der Mannschaftskapsel in die Landefähre um und lassen die Orion allein in der Umlaufbahn zurück. Die Triebwerke der Landefähre ermöglichen eine sanfte Landung.

Der untere Teil der Landefähre bleibt auf dem Mond zurück.

⑤ Vier Tage später erreicht das Raumschiff den Mond. Die Triebwerke der Landefähre bremsen das gesamte Vehikel ab, das nun in eine Umlaufbahn eintritt.

⑦ Die Wiederaufstiegseinheit bringt die Astronauten zur Mannschaftskapsel der Orion zurück.

④ Angetrieben von der Kraft der EDS-Triebwerke nimmt die Orion Kurs auf den Mond. Ist der Treibstoff verbraucht, wird die EDS abgeworfen.

⑧ Die Triebwerke des Servicemoduls beschleunigen die Orion in Richtung Erde.

⑨ Auch die Rückreise dauert vier Tage. Jetzt werfen die Astronauten das Servicemodul ab. Die durch einen Hitzeschild geschützte Mannschaftskapsel »hüpft« über die Atmosphäre, bis sie schließlich in sie eintaucht.

Mannschaftskapsel

Mondlandefähre

Antriebsstufe für den Mondflug (Earth Departure Stage)

⑩ Fallschirme bremsen den Fall der Mannschaftskapsel ab. Im Westen der USA landet sie schließlich.

③ Rendezvous im All. Das fertige Raumschiff setzt sich nun aus Mannschaftskapsel und Servicemodul (links) sowie EDS und Mondlandefähre (rechts) zusammen. Die EDS zündet und bringt das Raumschiff auf Kurs.

② Wenige Tage später folgt eine Ares I, »stick« genannt. Sie trägt die Mannschaftskapsel mit den Astronauten sowie ein Servicemodul.

Ares I

① Eine Frachtrakete vom Typ Ares V startet vom Kennedy Space Center aus ins All. Sie bringt die Earth Departure Stage (EDS) mitsamt der Mondlandefähre in eine Umlaufbahn.

Ares V

Auch Airbags mildern den Aufprall ab.

Die Triebwerke des Lagekontrollsystems der Mannschaftskapsel werden mit gasförmigem Sauerstoff und Methan versorgt. Diese Technik ist das Ergebnis des X-33-Programms der Nasa, das ein Raumfahrzeug mit nur einer Antriebsstufe in die Erdumlaufbahn bringen sollte („single stage to orbit"), mangels Erfolgs allerdings 2001 eingestellt wurde. Früher wurden hierzu so genannte Hypergole verwendet, selbstzündende und meist giftige Treibstoffe, die aber die Astronauten ebenso gefährden wie – am Ende der Reise – das Bodenpersonal."[47]

Zu Beginn wird es nur kurze Aufenthalte auf der Mondoberfläche geben, zwischen vier und sieben Tagen. Erst später wird es zu längeren Aufenthalten kommen, die bis zu 210 Tagen dauern können und im Grunde nur durch Luft-, Nahrungsmittel- und Wasservorräte begrenzt werden. „Dieser Zeitraum ist auch die Zielmarke, die bei der Konstruktion der Orion immer im Auge behalten wird: Über sieben Monate lang muss sie kontinuierlich voll funktionsfähig sein. Den größten Einfluss auf alle Konstruktionsfragen hat dabei die dafür benötigte Treibstoffmenge.

Vier Tage dauert der erste Teil des „Kurztrips", dann schwenkt die Kapsel mit ihrer Mannschaft in eine Mondumlaufbahn ein. Die Antriebsstufe haben die Raumfahrer unterwegs abgeworfen. Nun klettern sie in die Landefähre und lassen Kapsel und Servicemodul unbemannt im Orbit zurück. Wie das Apollo-Landegerät besteht auch Artemis aus zwei Komponenten: aus der mit „Beinen" versehenen Landeeinheit, die die wissenschaftliche Ausrüstung und den Löwenanteil des Proviants enthält, sowie der Wiederaufstiegsstufe, die vorerst als Wohnraum dient. Eine Woche lang

---

[47] Ebenda, S. 42

haben die Astronauten nun Zeit, die Mondoberfläche zu erforschen. Dann heben sie in ihrem „Wohnzimmer" wieder ab und fliegen zurück zu Kapsel und Servicemodul. Dort wird die Aufstiegsstufe abgetrennt und der Rückflug der Orion zur Erde beginnt."[48]

Ein elektrischer Lichtbogen – eine Art raumgroßer Gasbrenner – am Armes-Forschungszentrum der Nasa erhitzt Gas auf mehrere tausend Grad und beschleunigt es auf einen Hitzeschild. Ein solcher Schild mit fünf Meter Durchmesser und geformt wie eine Frisbeescheibe soll die Orion-Kapsel vor den extremen Temperaturen beim Eintritt in die Erdatmosphäre schützen.

„Ihre Landung auf dem Heimatplaneten verläuft indessen anders als bei den Apollo-Missionen. Diese landeten im Meer, ebenso wie schon ihre Vorgänger, die Gemini- und Mercury-Kapseln. Doch solche Landungen erfordern den Einsatz einer teuren Flotte

---

48 Ebenda, S. 42 mit Abbildung

von Bergungsschiffen, außerdem setzen sie das Raumschiff, das ja wiederverwendet werden soll, der Korrosion durch Salzwasser aus. Deshalb tut es die Orion der russischen Sojus gleich und geht auf Land nieder. Aber auch eine Landung im Meer würde sie überstehen, zum Beispiel in Notfallsituationen, bei Missionsabbrüchen oder wenn es die Wetterbedingungen erfordern…

Der Landeplatz sollte natürlich in den westlichen USA oder nahe der nordamerikanischen Küste an dafür vorgesehenen Stellen liegen. Doch etwa während der Hälfte des lunaren Monats erlauben die Flugbahnen nur Landungen in der südlichen Hemisphäre. Die geographische Länge des Wiedereintrittspunkts wird durch den Zeitpunkt bestimmt, zu dem die Orion die Mondumlaufbahn verlässt. Die Breite des Wiedereintritts jedoch ergibt sich aus der Deklination des Monds, also dem Winkelabstand des Monds von der irdischen Äquatorebene, zu diesem Zeitpunkt. Dieser Wert kann durchaus ungünstig sein. Daher ist für die Orion ein „hüpfender Wiedereintritt" vorgesehen – ein Novum in der bemannten Raumfahrt. Ähnlich, wie auch ein flach geworfener Stein über die Wasseroberfläche springt, nutzt die Kapsel dabei den aerodynamischen Auftrieb der Hochatmosphäre."[49]

Kurz vor dem Auftreffen der Kapsel auf die Hochatmosphäre muss sie gedreht werden, „um das Servicemodul abzuwerfen und so den Hitzeschild an der Unterseite der Kapsel freizulegen. Dann benutzen die Astronauten das redundant vorhandene Navigationssystem und die Flugcomputer der Orion, um die genaue Ausrichtung der Kapsel für den Wiedereintritt zu prüfen und zu kontrollieren, ob die Bahn des Raumschiffs den korrekten flachen

---

[49] Ebenda

Anflugwinkel aufweist. Schließlich bereitet sich die Mannschaft auf das Einsetzen der Beschleunigungskräfte vor, die beim Auftreffen auf die Atmosphäre auftreten.

Der hüpfende Wiedereintritt beginnt langsam. Zunächst spüren die Astronauten eine schwache Beschleunigungskraft, die vom Luftwiderstand der dünnen Hochatmosphäre herrührt. Allmählich presst diese Kraft die Astronauten in ihre Sitze und steigt langsam weiter an, während ionisiertes Gas am Fenster vorbeischießt. Auch Stücke glühenden Materials, das aus dem Hitzeschild stammt, sehen die Astronauten. Kurz nachdem die Orion erstmals Kontakt mit der Hochatmosphäre hatte, prallt sie von dort ab und steigt wieder ein wenig in die Höhe. Dann dringt sie in dichtere Luftschichten ein.

Nun hängt alles vom Hitzeschutzsystem ab. Das System des Shuttles hatte zumindest einmal versagt, als die Raumfähre Columbia im Februar 2003 beim Wiedereintritt auseinanderbrach. In diesen Minuten heizt die Reibung der mit Überschallgeschwindigkeit am Raumschiff vorbeizischenden Luft auch die Unterseite der Orion auf mehrere tausend Grad Celsius auf. Die Eintrittsgeschwindigkeit einer vom Mond zurückkehrenden Orion ist um 41 Prozent höher als die Geschwindigkeit einer landenden Raumfähre, die mit rund elf Kilometer pro Sekunde auf die Atmosphäre trifft. Die Hitzebelastung ist darum um ein Vielfaches höher. Hinzu kommt, dass die Orion-Kapsel größer ist als ihr Vorgänger und so mehr Reibungsfläche bietet. Welches Material eignet sich am besten, um einer solchen Beanspruchung zu widerstehen? Viele Ingenieure halten Pica (phenolic impregnated carbon ablator) für besonders geeignet, um daraus den Hitzeschild der Orion zu konstruieren. Es besteht aus einer Matrix von Kohlenstoff fasern, die in ein Phenolharz eingebettet ist. Hohe Temperaturen lassen Teile der Pica-Schicht abbrennen, sodass ein Großteil der extremen Hitze abgeführt wird. Dabei kommt es zu chemischen Prozessen, die eine verkohlte, aber hitzebeständige Schicht zurücklassen. Durch seine geringe Wärmeleitfähigkeit verhindert Pica zudem den Transport von Wärme in das Mannschaftsmodul. Minuten später findet der wilde Sturz endlich ein Ende. Drei große Fallschirme, ähnlich denen, die auch die Apollo-Missionen nutzten, öffnen sich. Nur einmal noch erbebt die Orion, als ihr Hitzeschild abgesprengt wird. Jetzt kann nicht mehr viel passieren: Mit einer Geschwindigkeit von gerade einmal acht Metern pro Sekunde, knapp 30 Kilometern pro Stunde, schwebt die Kapsel und mit ihr die Astronauten dem Erdboden entgegen."[50]

---

50 Ebenda, S. 42f

4. Entwicklung von Mondstationen

Nachdem die Erreichbarkeit des Mondes im letzten Kapitel recht ausführlich erläutert wurde, folgen nun Überlegungen, wie auf dem Mond stabile Stationen eingerichtet werden können. Anders als in der internationalen Raumstation ISS weist der Mond auf seiner Oberfläche eine geringe Schwerkraft auf, die ein Sechstel der Schwerkraft auf der Erdoberfläche beträgt.

An der ISS testet man zur Zeit aufblasbare Räume auf Weltraumtüchtigkeit. Zusammengefaltet lassen sie sich leicht transportieren und auf dem Mond deponieren. Da der Mond keine Atmosphäre besitzt und daher keinen Wind kennt, können die relativ leichten aufgeblasenen Räume nicht weggeweht werden und bieten den gleichen Schutz wie an der ISS vor Sonnen- und kosmischer Strahlung.

Außerdem wurde bereits aufgezeigt, dass mit dem Mond-Landemodul auch ein Wohnraum mit Metallwänden zur Verfügung steht, der guten Schutz bietet. Die Versorgung mit Luft, Wasser und Lebensmitteln muss zu Beginn dieser Entwicklung auf die gleiche Weise erfolgen wie auf der ISS.

Zusätzlich benötigt man Werkzeuge, mit denen man in den Mond hinein graben kann, um eine Rampe als Zugang zu einer Höhlung bauen zu können. Die Höhlung muss ausreichend tief unter der Mondoberfläche liegen, um Schutz vor Strahlung und Kleinmeteoriten bieten zu können. Sie muss zudem so ausgekleidet werden, dass sie wie ein faradayscher Käfig wirkt.

Der Höhleneingang muss durch eine Schleuse gesichert werden, so dass keine Luft entweicht, ähnlich wie bei den aufblasbaren Räumen. Über dieser Arbeit wird einige Zeit vergehen.

Währenddessen müssen die Mondpole auf Wasservorkommen untersucht werden. Es gibt einige Täler an den Polen, die nie von der Sonne beschienen werden, wo also kein Wasser verdunsten kann. Es gibt Hinweise darauf, dass es dort zumindest unter der Oberfläche Wassereis gibt.

Die mitgebrachten Sonnenkollektoren müssen installiert werden, um die Station mit Strom zu versorgen. Es empfiehlt sich, die Kollektoren eher in der Nähe des gewählten Pols zu installieren mit einem geeigneten Neigungswinkel. Diese Kollektoren sollten rund um den Pol verteilt werden, so dass die Energieversorgung unterbrechungsfrei verläuft.

Nun muss mit der Errichtung von Treibhäusern begonnen werden. Es ist zu untersuchen, ob durchsichtige Plastikfolien mit geeigneter Zusammensetzung des Materials als Schutz genügen. Dann muss erforscht werden, welche Pflanzen mit welchen Nährstoffen in welchen Böden am besten gedeihen. Die Pflanzen müssen durch passende Pilzsymbionten unterstützt werden, die die Wurzeln mit weiteren Nährstoffen versorgen und deren Fruchtkörper als Eiweißspender für das Personal dienen können.

Die Wasserversorgung muss durch einen Kreislauf gewährleistet werden, wie er schon auf der ISS existiert, nur in größerem Maßstab. Hier kann man bereits die geringe Schwerkraft des Mondes nutzen, um das Wasser zur Aufarbeitung durch Filter fließen zu lassen.

Die Mondoberfläche und der Untergrund müssen auf geeignete Rohstoffe für die Herstellung von Weltraumfahrzeugen untersucht werden. Techniken zur Exploration dieser Rohstoffe müssen entwickelt und eingerichtet werden. Weitere Techniken zur Veredlung der Rohstoffe und zur Erzeugung von Komponenten für Weltraumfahrzeuge müssen entwickelt und möglichst automatisiert werden.

Darüber dürften Jahrzehnte vergehen. In dieser Zeit sollten sich die Treibhäuser über und unter der Mondoberfläche vervielfacht haben. Wohn- und Betriebsstätten dürften einen beträchtlichen Umfang gewonnen haben. Erholungs- und Gesundheitszentren müssen hinzugekommen sein. Insbesondere das Gesundheitswesen müsste mit Hochleistungscomputern und medizinischen Robotern ausgestattet sein.

Die Energieversorgung geschieht rein elektrisch. Es werden mehrere Ringe von Fotovoltaikanlagen um einige Breitengrade des Mondes gelegt. Dadurch wird die Stromversorgung ausreichend redundant. Für überschüssige Energie müssen Batterielager und Wasserstoffspeicher geschaffen werden, die bei zerstörerischen Meteoriteneinschlägen Reservestrom liefern.

Am 8. Juli 2017 erschien in der Rhein-Neckar-Zeitung Nr. 155 auf Seite 29 ein Artikel von Janet Binder mit dem Titel „Gemüse aus der Antarktis" und dem Untertitel „Pflanzenprojekt für künftige Mars-Missionen interessant".[51] Dort beschreibt sie, wie der Raumfahrtingenieur Paul Zabel ein Projekt vorbereitet, um in der

---

51 Binder, Janet: Gemüse aus der Antarktis. In: RNZ Nr. 155 vom 8./9. Juli 2017, S. 29

Antarktis Gemüse, Salat und Obst in einem speziellen Gewächshaus zu erzeugen. Das Gewächshaus soll im kommenden Dezember nahe der Forschungsstation Neumayer III aufgestellt werden. „Vier bis fünf Kilo Frischgemüse will er pro Woche ernten. „Ziel ist es, der Stations-Crew den Großteil davon zur Verfügung zu stellen", sagte Zabel am Freitag bei der Präsentation des von der Europäischen Union geförderten Projekts „Eden-ISS". Im Zentrum steht ein spezieller Gewächshaus-Container, in dem Pflanzen gezogen werden können. Ein kleiner Teil der Ernte wird für die Forschung genau unter die Lupe genommen.

Denn Gärtnern in der Antarktis soll nur ein Schritt hin zu einer großen Vision sein: Astronauten auf Langzeit-Weltraummissionen wie die zum Mars mit Frischgemüse zu versorgen. „Die Antarktis mit ihren extremen klimatischen Bedingungen mit bis zu minus 40 Grad bietet ein optimales Testumfeld", sagte DLR-Projektleiter Daniel Schubert. Vor allem aber geht es um die Abgeschiedenheit: Von Ende Februar bis Ende Oktober kann das neunköpfige Überwinterungsteam des Alfred-Wegener-Instituts für Polar- und Meeresforschung auf der Station nicht beliefert werden.

Mitarbeiter Connor Kieselchuck im Experimentalgewächshaus des DLR. Foto: dpa

Gewächshäuser sind in der Antarktis inzwischen zwar nicht mehr ungewöhnlich. Das in Bremen unter Leitung des DLR entwickelte allerdings ist den Angaben zufolge einzigartig: „Es ist ein in sich geschlossenes System", so Schubert. Nur die Strom- und Datenversorgung liefert die Forschungsstation. Gezüchtet wird in einem sterilen 20-Fuß-Container, untere LED-Licht, ohne Erde und ohne Pestizide. Die Wurzeln werden alle zehn Minuten computergesteuert mit einer Nährstofflösung besprüht. Die Tests in Bremen verliefen vielversprechend.

Nutzpflanzen im Raumschiff oder auf dem Mars hätten aber nicht nur den Effekt, Astronauten mit frischer Nahrung zu versorgen. „Wir können so Sauerstoff generieren und Wasser gewinnen, das Trinkqualität hat", so Schubert. Bei einer Mars-Mission sei vor allem auch die psychologische Wirkung nicht zu vernachlässigen. „Etwas Grünes hat einen positiven Effekt auf die Psyche des Menschen", betonte Schubert.

Zunächst einmal aber sollen Forscher in der Antarktis von dem Frischgemüse profitieren. Ende Dezember wird das Gewächshaus 400 Meter entfernt von der Neumayer-Station III installiert. Dann wird auch Paul Zabel anreisen. „Anfang Januar setze ich die ersten Pflanzen aus", kündigte er an."[52]

Auf Dauer ist es sicher kostengünstiger, zunächst auf dem Mond mit solchen Gewächshäusern zu experimentieren. Das hat seinen Grund darin, dass ein Shuttle-Verkehr zwischen Erdmond und Mars günstiger ist als zwischen Erde und Mars. Allerdings müssten die Mondstationen entsprechen gut ausgestattet sein, um

---

[52] Ebenda, mit Abbildung auf der Vorseite

als Zwischenlandeplatz zwischen Erde und Mars dienen zu können.

Sportmediziner müssen in Zusammenarbeit mit der Medizin-Industrie Gerätschaften entwickeln, die helfen, die Muskulatur der auf Mond und Mars lebenden Menschen fit zu halten für die Rückkehr zur Erde. In der ISS wird bereits seit Jahren untersucht, wie die Fitness der Besatzung über Monate hinweg aufrecht erhalten werden kann, und das bei Schwerelosigkeit.

Diese Untersuchungen bilden die Grundlage für die Gesundheitserhaltung während der Shuttle-Flüge zum Mars und zurück. Während auf dem Mond die Schwerkraft etwa ein Sechstel der Erdschwerkraft beträgt, erreicht sie auf dem Mars immerhin 38%, also mehr als ein Drittel davon (siehe weiter unten). Auf beiden Himmelskörpern sollte es daher leichter sein, die Fitness der Bewohner zu erhalten, als in der ISS.

5. Shuttle-Verkehr zum Mond

Im dritten Kapitel wurde bereits aufgezeigt, dass der Mond als Erdtrabant mit den bis heute entwickelten Fähren erreichbar ist. Es wurde dargestellt, mit welchen Techniken heutzutage ein Shuttle-Verkehr zum Mond aufrecht erhalten werden kann. Um so wichtiger ist die Erkenntnis, dass ein Shuttle-Verkehr zum Mond sich vergleichen lässt mit dem Shuttle-Verkehr zur internationalen Raumstation ISS.

Es muss natürlich eine größere Strecke überwunden werden, und für die Landung auf dem Mond braucht man ein Landemodul und ein Rückkehrmodul, das in einer Mondumlaufbahn auf die Wiederkehr des Landemoduls wartet, um mit dessen Insassen zur Erde zurück zu kehren.

Das Mond-Landemodul kann bis zur nächsten Verwendung im Mond-Orbit verbleiben und braucht nicht mit Energieaufwand zur Erde oder zur ISS beziehungsweise zu deren Nachfolgestation transportiert zu werden. Auf diese Weise baut man sich eine Kette von Modulen auf, die für bestimmte Aufgaben optimal geeignet sind.

Empfehlenswert ist eine Dreiteilung der Strecke zu und von der Erde. Auf diese Weise können Rückkehrer vom Mond erst einmal Zwischenstation machen und zu gegebener Zeit mit Kollegen aus der Station gemeinsam zur Erde zurückkehren. Genauso sieht der umgekehrte Weg aus. Die für den Mond bestimmten Astronauten können mit den für die Station bestimmten Kollegen zur Station fliegen, wo sie dann mit der Mondfähre weiter transportiert werden zum Mond-Landemodul.

Diese Dreiteilung der Strecke erscheint aus energetischer Sicht am günstigsten, da die Mondfähre relativ leicht sein darf und dadurch vergleichsweise wenig Rückstoßenergie erfordert. Der wesentliche Vorteil liegt jedoch darin, dass sowohl Personal der Station als auch des Mondes gemeinsam zur Station transportiert werden können und das Mondpersonal deshalb keinen Extrastart von der Erde benötigt.

Es muss also zweimal umgestiegen werden. Diese Prozedur ist allerdings eine altbekannte Übung, denn seit Jahrzehnten waren die Astronauten bei ihren Flügen zu den bisherigen Raumstationen darauf angewiesen.

Bereits 1971 wurde die erste Weltraumstation Saljut 1 von der UdSSR etabliert. Zwei Jahre später, 1973, errichteten die US-Amerikaner ihre erste Raumstation Skylab 1. Ab 1981 kamen sogenannte Spaceshuttles in Gebrauch. Das erste Shuttle wurde Columbia getauft. Diese Raumfahrzeuge waren wiederverwendbar, aber relativ empfindlich (siehe oben). 1986 explodierte das Shuttle Challenger kurz nach dem Start. Die sieben Astronauten kamen ums Leben.[53]

Im selben Jahr wurde die Raumstation Mir von der UdSSR in Betrieb genommen. Nach Beendigung des „Kalten Krieges" im Jahr 1990, der jahrzehntelang nach dem zweiten Weltkrieg die Welt in Atem gehalten hatte, wurde im Jahr 1994 die erste russisch-europäische Mission Euromir ´94 durchgeführt.

---

53 DIE ZEIT: Das Lexikon in 20 Bänden, Band 12, S. 109

Ein Jahr später folgte das erste Andockmanöver eines amerikanischen Spaceshuttles namens Atlantis an die Raumstation Mir.[54]

Am 20.11.1998 wurde das erste Modul der Internationalen Raumstation ISS (International Space Station) in Betrieb genommen. Beteiligt waren die ESA (European Space Agentur), die USA, Russland und weitere Länder. Im Jahr 2001 erfolgte dann der kontrollierte Absturz der alten Raumstation Mir in den Pazifik.

Zu Beginn des Jahres 2003 erfolgte erneut eine Explosion eines Spaceshuttles: Es traf die Columbia beim Wiedereintritt in die Atmosphäre. Alle sieben Astronauten starben. Im selben Jahr fand der erste chinesische bemannte Raumflug statt. Außerdem wurde gegen Ende des Jahres das Landegerät Beagle 2 der ESA-Mission Mars Express auf dem Mars abgesetzt.[55]

Der Shuttle-Betrieb zum und vom Mond wird wichtig, sobald die erste Station auf dem Mond errichtet wird. Die regelmäßige Versorgung mit Wasser, Lebensmitteln, Werkzeugen und Materialien zum Aufbau geschlossener Kreisläufe muss gewährleistet sein. Sobald es dort Gewächshäuser mit geschlossenen Kreisläufen gibt, kann die Häufigkeit der Versorgungsflüge abnehmen.

Danach werden Shuttle-Flüge nur noch zum Austausch von Personal und zur Errichtung von Fotovoltaikanlagen benötigt. Letztere stellen die Energieversorgung für die Mondstationen sicher, so dass dort mit der Produktion von diversen Teilen für Mars-Shuttles begonnen werden kann.

---

54 Ebenda
55 Ebenda

Die Shuttle-Station im Mond-Orbit muss derweil ausgebaut werden. Denn dort sollen die Bestandteile der Mars-Shuttles zusammengebaut werden. Auf diese Weise wird ein Bruchteil der Energie benötigt, die man bräuchte, um auf der Erde erzeugte Materialien in den Weltraum zu befördern.

In dieser Shuttle-Station muss es natürlich Aufenthalts- und Forschungsräume geben. Die Personalfluktuation kann dadurch planmäßig ablaufen. Außerdem können Materialuntersuchungen durchgeführt werden, die für Raumfahrzeuge unabdinglich sind. Eine gewisse Automatisierung der Fertigung ist anzustreben, denn die Zusammenfügung zu Mars-Shuttles wird außerhalb der Station stattfinden müssen.

Spezielle Roboter müssen die Fließbandarbeiten übernehmen, wie heute schon im Fahrzeugbau auf der Erde. Für deren Programmierung sind selbstverständlich IT-Spezialisten auf der Erde zuständig, die dann in ständigem Funkverkehr mit den Mondstationen stehen inklusive der Programmübertragung und der kontinuierlichen Optimierung der Programme.

Allerdings sind für die Roboterwartung wiederum Spezialisten erforderlich, und auf der Erde muss ständig für Nachschub an Wissensträgern gesorgt werden. Eine höhere Qualifizierung der Bevölkerung wird die Folge sein, so dass auch auf der Erde immer mehr einfache Tätigkeiten durch Roboter erledigt werden können.

Auf diese Weise entsteht Nachfrage nach Robotern und deren Programmierern und Wartungsspezialisten, was einen erheblichen Wirtschaftsaufschwung weltweit zur Folge haben dürfte. Gleichzeitig muss natürlich darauf geachtet werden, dass die Erde bewohnbar bleibt und der Klimawandel sich nicht allzu negativ auf die Erdbevölkerung auswirkt.[56]

Ab Seite 24 schreibt der Autor: „Inzwischen schreiben wir das Jahr 2015, und der bereits erwähnte Klimawandel bringt nicht nur messbare, sondern auch gefühlte jährliche Erderwärmung hervor. Wie weiter unten ausführlich dargelegt wird, führt die hemmungslose Nutzung fossiler Energierohstoffe wie Erdöl, Kohle und Erdgas zu einer erheblichen Steigerung von Kohlendioxyd in der Erdatmosphäre. Dadurch bildet sich ein Treibhauseffekt um den Globus heraus, der Gletscher schmelzen lässt, die Eisdecke am Nordpol verkleinert und an Teilen des Südpols und auf Grönland und Alaska verdünnt. Die Folge ist ein allmählicher Anstieg des Ozeanspiegels, so dass kleinere Pazifik-Inseln bereits evakuiert werden müssen. Dies lässt Staaten, die es sich leisten können, effektivere Energienutzung einführen und den Einsatz alternativer Energiequellen wie Photovoltaik und Windenergie fördern. Zusammen mit dem Einsatz der oben erwähnten Fracking-Technologie und der Nutzung von Teersanden in Nordamerika ergibt sich für Erdöl ein Überschuss, der sich im Ölpreis niederschlägt."[57]

Als Lösungsvorschlag folgt:

„Da einerseits die Vorkommen der fossilen Energierohstoffe prinzipiell begrenzt sind und andererseits durch ihre Nutzung das Weltklima sich zu unserem Nachteil entwickelt, stellt sich die Frage, ob sich Energiegewinnung nicht auf eine Kombination aus

---

56 Olzog, Kurt: Energiewende im Klimawandel. Norderstedt 2016
57 Ebenda, S. 24f

erneuerbaren und klimaneutralen Energiequellen wie Photovoltaik und Windenergie und zunehmender Wasserstoffwirtschaft (z. B. als Speichertechnologie) weiterentwickeln lässt."[58]

Der Klimagipfel 2015 in Paris lässt einen Weg zur Problemlösung erhoffen: „Mehr als 150 Staats- und Regierungschefs kamen am 30.11.2015 zusammen, um zu überlegen, wie die Erderwärmung in Grenzen gehalten werden könnte."[59]

„Alle fünf Jahre sollten die von den einzelnen Staaten gemachten Zusagen überprüft werden."[60]

Für Deutschland bestätigte Bundeskanzlerin Angela Merkel „die Ziele, bis 2020 verglichen mit 1990 die Emissionen um 40 Prozent zu verringern und bis 2050 um 80 bis 95 Prozent."[61]

Die Bewohnbarkeit der Erde ist also zu sichern, Bürgerkriege sind einzudämmen, Hungersnöte zu bekämpfen, vor allem in Afrika und dem Bürgerkriegsland Syrien. Gleichzeitig drängt die Menschheit nach neuen Ufern, will nach der Entdeckung neuer Kontinente durch Christoph Kolumbus (um 1451 – 1506), nach der Entdeckung der Kugelgestalt der Erde durch etliche Seefahrer in der Folgezeit, nach der Entdeckung der Gesetzmäßigkeiten, nach denen sich Planeten um die Sonne bewegen, durch Johannes Kepler (1571 – 1630), endlich selbst den Weltraum erkunden und nicht nur den Erdmond besuchen, wie bereits geschehen, sondern strebt danach, den Mars aufzusuchen.

---

[58] Ebenda, S. 25f
[59] Ebenda, S. 100
[60] Ebenda, S. 101
[61] Ebenda, S. 101f

Dieser vierte Planet unseres Sonnensystems, der sich momentan (22. Juli 2017) von uns aus gesehen für zwei Wochen hinter der Sonne verbirgt, so dass bis zum 1. August den drei Sonden und zwei Rovern aus den USA keine Anweisungen mehr gegeben werden, kommt der Erde einmal im Jahr recht nahe (siehe nächstes Kapitel). Von jetzt an gerechnet in etwa einem guten halben Jahr hat die Erde die Sonne soweit umrundet, dass sie sich auf der selben Seite der Sonne befindet wie der Mars.

Allerdings dauern Flüge zum Mars einige Monate, so dass bereits vor Erreichen der kürzesten Distanz mit einem Flug begonnen werden muss. Der Mars bewegt sich in dieser Zeit natürlich selbst weiter um die Sonne, durch den größeren Sonnenabstand aber entsprechend langsamer als die Erde.

6. Verkehrsverbindung zum Mars

Der Mars, wegen seiner auffälligen Färbung auch „Roter Planet" genannt, ist von der Sonne aus gesehen nach den Planeten Merkur, Venus und Erde der vierte Planet. Bezüglich der Temperatur auf seiner Oberfläche und damit bezüglich der Bewohnbarkeit ähnelt der Mars der Erde mehr als alle anderen Planeten.

Wie eben erwähnt, hat der Mars zur Zeit den größten Abstand zur Erde, rund 400 Millionen Kilometer. Der geringste Abstand zur Erde beträgt nur 56 Millionen Kilometer. „Damit verbunden sind Änderungen seiner scheinbaren Größe (zw. etwa 3" und 25") und seiner scheinbaren Helligkeit (um fünf Größenklassen): zur Zeit seiner größten Helligkeit ist er beträchtlich heller als Sirius.

Er ist etwa halb so groß wie die Erde, besitzt aber wegen der etwas geringeren Dichte nur etwa 1/10 von deren Masse."[62] Die Schwerkraft an seiner Oberfläche erreicht nur 38 Prozent der Schwerkraft an der Erdoberfläche. Seine Rotationsachse ist ähnlich wie die Erdachse gegen die Bahnebene geneigt, so dass er ebenfalls Jahreszeiten sowie Tag und Nacht kennt.

Die Rotationsdauer beträgt auf dem Mars 24 Stunden, 37 Minuten und 23 Sekunden, damit sind Tag und Nacht dort etwas länger als auf der Erde. Ein Umlauf um die Sonne dauert 687 Tage und die mittlere Entfernung zur Sonne beträgt 227,9 Millionen Kilometer.[63]

---

[62] DIE ZEIT: Das Lexikon in 20 Bänden, Band 09, S. 363
[63] Ebenda, S. 364

Die Atmosphäre des Planeten Mars besteht zu 95,5 Prozent aus Kohlendioxid, zu 2,7 Prozent aus Stickstoff und zu 1,6 Prozent aus Argon. „Die Dichte der Atmosphäre ist so gering, dass ihr Druck an der Oberfläche nur etwa 5-10 hPa beträgt. 2001 konnte erstmals molekularer Wasserstoff gemessen werden,"[64] ein Indiz für die Existenz von Wasser auf dem Mars.

Mars: Die dunklen Gebiete stellen Hochländer der Marsoberfläche, die hellen Regionen Tiefländer dar (Aufnahme mit dem Hubble-Weltraumteleskop).

Die Oberfläche des Mars zeigt im Winter besonders große und helle Polkappen, die zu dieser Zeit vor allem aus gefrorenem Kohlendioxid und aus Wassereis bestehen und im Sommer stark abschmelzen. Die Temperaturen betragen an den Polkappen im Winter etwa -140 °C und im Sommer etwa -15 °C. Die rötliche Färbung des Mars wird durch weite Gebiete eisenhaltigen rötlichen Staubes hervorgerufen, der durch gelegentlich

---

64 Ebenda, S. 364 mit Abbildung

auftretende gewaltige Stürme verlagert wird. Die Entsendung der amerikanischen Raumsonden der Serien Mariner und Viking, der sowjetischen Marssonden sowie die Mission Mars Global Surveyor (ab 1996) ermöglichten es, die Oberfläche des Mars zu fotografieren und zu kartographieren. Mit der Sonde Pathfinder wurde im Jahre 1997 erstmals der Marsboden chemisch analysiert: er scheint das Verwitterungsprodukt basaltischen Eruptivgesteins zu sein. Auch die NASA-Raumsonde Mars Odyssey (Start 2001) führte geochemisch-mineralogische Erkundungen der Marsoberfläche durch.[65]

Während die Südhalbkugel von Einschlagkratern übersät ist (ähnlich den Maria des Mondes), zeigt die Nordhalbkugel neben jüngeren „Ebenen geringerer Kraterdichte gewaltige Schildvulkane (darunter **Olympus Mons**, mit 600 km Durchmesser und 27 km Höhe der größte Vulkan des Sonnensystems) sowie ein ausgedehntes Netz von Becken, Gräben und cañonartigen Tälern, den 4000 km langen **Valles Marineris**, die z. T. 700 km breit und 6 km tief sind. Die erstmals von G. V. Schiaparelli 1877 beschriebenen und als „canali" (ital. „Rinne", „Furche") bezeichneten" **Mars-Kanäle**, werden heute als Täuschung des menschlichen Auges angesehen, das dazu neigt, nicht vollständig auflösbare Strukturen zu geometrischen Gebilden zu ergänzen. Diese „Kanäle" konnten nie auf fotografischen Aufnahmen des Mars nachgewiesen werden „und treten auch bei visueller Beobachtung mit großen Teleskopen nicht auf."[66]

---

65 Ebenda
66 Ebenda

Untersuchungen des Marsbodens hinsichtlich der Existenz biologischer Substanzen oder Mikroorganismen, die wie irdische Organismen Stoffwechselprozessen unterliegen, brachten keinerlei Hinweise. Auf der Erde gibt es einige SNC-Meteoriten (S für Schwefel, N für Stickstoff und C für Kohlenstoff), deren Ursprung vermutlich der Mars ist. In dem aller Wahrscheinlichkeit nach vom Mars stammenden Meteoriten ALH84001 wurden zwar in kleinen Carbonatkügelchen Gebilde gefunden, die Ähnlichkeiten mit mikroskopischen terrestrischen Fossilien aufweisen, dass es sich wirklich um Fossilien handelt, wird aber bezweifelt. Endgültige Beweise für die frühere Existenz von Leben auf dem Mars fehlen noch.[67]

Im August 2003 erreichte der Mars mit rund 56 Millionen Kilometern seine größte Annäherung an die Erde. Diese Konstellation begünstigte die Mitte 2003 begonnenen Mars-Missionen Mars Express (im Auftrag der NASA) und Mars Exploration Rover (NASA), die sich auch mit geologischen und mineralogischen Untersuchungen und der Suche nach Wasser und Mikroorganismen befassen.

Der Mars hat zwei kleine Monde, **Phobos** und **Deimos** (entdeckt 1877 von A. Hall), vermutlich eingefangene ehemalige Planetoiden. Ihre mittleren Abstände zum Mars betragen 9380 beziehungsweise 23460 Kilometer, ihre Umlaufzeiten um den Planeten 7 Stunden und 39 Minuten beziehungsweise 30 Stunden und 18 Minuten „und ihre Abmessungen 27 x 21 x 19 bzw. 15 x 12 x 11 km."[68]

---

67 Ebenda
68 Ebenda

Abbildung:[69] Mars: die Oberfläche des Planeten mit dem Marsmobil Sojourner (1997)

Am 4. Februar brachte die Rhein-Neckar-Zeitung Nr. 29 auf S. 33 in der Rubrik „Wissenschaft" den Artikel „Schöner wohnen auf dem Mars" von Martin Schäfer. Der Untertitel lautet: „In 20 Jahren könnte der erste Astronaut den Marsboden betreten – Forscher bereiten „The Journey to Mars" weltweit vor".[70]

---

69 Ebenda, S. 365, weiterführende Literatur:
Wilford, J. N.: Mars. Unser geheimnisvoller Nachbar. Aus dem Amerikanischen. Basel u. a. 1992.
Bärwolf, A. Die Marsfabrik. Aufbruch zum roten Planeten. München 1995.
H. Heuseler u. a.: Die Mars-Mission. Pathfinder, Sojourner und die Eroberung des roten Planeten. München 1998.
70 Schäfer, Martin: Schöner wohnen auf dem Mars. In: Rhein-Neckar-Zeitung Nr. 29 vom 4./5. Februar 2017, S. 33, mit Abbildung auf der nächsten Seite.

Noch ist dieses Szenario Phantasie: In der sechsteiligen TV-Serie „Mars" zeigte der National Geographic Channel, wie eine Begehung des Roten Planeten aussehen könnte. Foto: Viglasky

Dazu führt der Autor aus:

„Der erste Marsianer ist vielleicht jetzt schon geboren. Vielleicht sitzt er auch im Publikum an der technischen Universität Berlin, vor dem die Chefwissenschaftlerin der US-amerikanischen Weltraumagentur Nasa, Ellen Stofan, ihre Reisefantasien zu Mars ausbreitet. Bis in die 2030er oder 2040er Jahre will die Nasa die ersten Menschen auf Mission zum Mars entsenden. Die Studierenden der TU Berlin könnten daher schon das rechte Alter aufweisen.

Gemeinsam mit David Miller, dem Cheftechniker der Nasa, ging Stofan vergangenes Jahr auf Tour durch die Partnerländer, all jene Staaten, die eine Raumfahrtagentur haben, um für die gemeinsame Vision einer Marsmission zu werben. „The Journey to Mars" soll eine internationale Angelegenheit werden, so Stofan.

Stofan ist zunächst Wissenschaftlerin, genauer: Planetengeologin. Sie interessiert sich für die festen Oberflächen der Planeten, tektonischen Mechanismen, Vulkanismus, geologischen Strukturen und natürlich deren Wechselwirkung mit flüssigen Materialien, insbesondere Wasser. „Wenn wir die Verhältnisse von verschiedenen Planeten vergleichen, können wir auch unsere Erde besser verstehen", begründet Stofan die intensive Erforschung der Planeten. „Dann können wir auch besser abschätzen, wie die Dinge auf der Erde laufen, etwa beim Klimawandel", erklärt die Forscherin. „Der Mars ist da unser primäres Beobachtungsziel", sagt die Forscherin.

Achtmal sei die Nasa dort schon mit Instrumenten gelandet. Die Forschung hat viele Ergebnisse gebracht. So hat der Mars seinen

Klimawandel längst hinter sich – wenngleich auf langen geologischen Zeitskalen. Vor rund drei Milliarden Jahren bedeckten große Ozeane mit Wasser unseren Nachbarplaneten. „Da könnte sich Leben bis auf zelluläre Ebene schon gebildet haben", spekuliert die Nasa-Forscherin.

Auf jeden Fall gibt es so viele spannende wissenschaftliche Fragen um den Mars, dass sich eine direkte Mission mit Astronauten lohne. Damit macht sie auch klar: Es geht der Forscherin zunächst nicht direkt um eine permanente Besiedelung des Nachbarplaneten, sonder um Wissenschaft und Technik. In Sachen Technik untergliedert ihr Kollege David Miller das Mars-Vorhaben in drei Schritte. Zunächst müsse die Technik im ersten Schritt erforscht und entwickelt werden. Das betrifft die Raketensysteme für Start und Landung bis hin zu den Lebenserhaltungssystemen für die Menschen.

„Im zweiten Schritt testen wir das alles im Mondorbit aus", sagt der Nasa-Cheftechnologe. Das dürfte dann frühestens Ende der 2020er Jahre passieren. Im dritten Schritt geht's auf die Reise zum Mars. „Erst im Vorbeiflug, dann nur in den Orbit und zurück und dann mit Landung", erklärt Miller das Vorantasten. Jede Mission soll auch etwas Infrastruktur mitbringen und vor Ort lassen, was spätere Missionen nutzen können.

Die große Vision der Nasa ist zwar, auf dem Mars eine permanente Station einzurichten. Miller unterstreicht: „Unser Ziel ist, dort hinzugehen und bleiben". Für die einzelnen Astronauten sind indes alle Missionen als Rückkehr-Missionen geplant. Erstens sind die Astronauten natürlich wertvolle Untersuchungsobjekte, wie Weltraumfahrten sich auf den menschlichen Organismus auswirken. Auch gäbe es keine besseren Botschafter für die Arbeit der Nasa als eben Mars-Heimkehrer. Deshalb sind längst Forschungsprojekte angelaufen, wie Leben und Wohnen auf dem Mars konkret aussehen könnten. Die Nasa hatte einen Architektenwettbewerb fürs Bauen auf dem Mars ausgerufen. Die Baumeister durften nur dort vorrätige Materialien verwenden. Außerdem mussten die Bauten mit 3-D-Druck aus einem Guss oder modular herstellbar sein.

In einem jüngst beendeten Langzeitprojekt auf Hawaii simulierten sechs Wissenschaftler das beengte Leben in einer Marsstation. Die deutsche Physikerin Christiane Heinicke war mit dabei (die RNZ berichtete). „In erster Linie war es ein psychologisches Experiment", zieht Heinicke Bilanz. Während der 365 Tage in einem Iglu-ähnlichen Habitat auf 2500 Metern Höhe am Hang eines Vulkans auf Hawaii beschäftigte sich Heinicke wissenschaftlich damit, wie man aus Gestein - wie es auch auf dem Mars vorkommt – Wasser herauspressen kann.

Andere Forschungsideen ranken sich um eine begrenzte Landwirtschaft auf dem roten Planeten. Roggen, Tomaten, Kartoffeln, Erbsen und anderes Gemüse liegen im Fokus. Das baute auch der Schauspieler Matt Damon im Blockbuster-Film „Der Marsianer" an, um zu überleben. Holländische Forscher haben nun gezeigt, dass sich der Marsboden tatsächlich für Ackerbau eignen könnte.

Auch Ingenieure haben sich des Themas angenommen. Nüchtern technisch betrachtet, braucht der Mensch laut André Thess dreierlei auf dem Mars: Wärme, Strom, Mobilität. Für alle drei entwickelt der Energieforscher des Deutschen Zentrums für Luft- und Raumfahrt in Stuttgart Konzepte.

Während wir auf der Erde aus dem Vollen schöpfen können – es stünden Energie aus Sonne, Kernspaltung, Wind, Erdöl und Erdgas sowie aus Wasserkraft zur Verfügung -, seien die Optionen für Mond und Mars bescheidener. Auf dem Mars kommen nur die Sonne, die Kernspaltung und der Wind infrage. Flüssiges Wasser gibt es nicht, fossile Energieträger sind unbekannt. Für den Mars schlägt Thess einen Mix aus Sonnen- und Windenergie vor. „Auf dem Mars gibt es Stürme", erklärt Thess. Die machen Probleme: Sie wirbeln Sand auf und hüllen große Areale des Planeten monatelang in Sandstürme und Dunkelheit. Sonnenstrom und Windenergie müssen sich daher ergänzen, heißt es in einem Papier der Nasa. Doch wie lässt sich der Strom speichern, da sich tonnenschwere Batterien wohl schwerlich von der Erde auf den Mars hieven lassen. Die Forscher müssen mit dem zurechtkommen, was dort zu haben ist, sagt Ellen Stofan.

Hier kommt wieder Thess ins Spiel. Der Forscher entwickelt sogenannte Wärmespeicher: Erzeugter Überschussstrom erwärmt beispielsweise bestimmte Steinmaterialien auf mehrere Hundert Grad Celsius. Ein weiterer Anlagenteil kann diese Wärme abzapfen und wieder in Strom zurückwandeln. Der Wirkungsgrad ist „grottenschlecht, das würde man auf der Erde nie machen", bekennt Thess. „Doch anders lässt sich Strom nicht geschickt speichern", meint der Forscher. Und die Sonne ist als Energielieferant ja umsonst. Die Probleme der Energieversorgung auf dem Mars seien grundsätzlich nicht anders als auf der Erde. Windkraft- und Solaranlagen müssten nur anders dimensioniert werden. Die Energieforschung für ferne Planeten könne daher auch Erkenntnisse für irdische Anlagen bringen."[71]

---

71 Ebenda

7. Zukunftsperspektiven

Der Mond entfernt sich allmählich von der Erde, aber derart langsam, dass wir uns bezüglich der dargestellten Situationen und Projekte keine Gedanken zu machen brauchen. In Wikipedia finden wir dazu die folgenden Informationen:

„Die mittlere Entfernung zwischen dem Mond und der Erde wächst jährlich um etwa 3,8 cm. Der Abstand wird seit der ersten Mondexpedition Apollo 11 regelmäßig per Lidar vermessen, indem die Lichtlaufzeit bestimmt wird, die das Laserlicht für die Strecke hin und zurück benötigt. Von amerikanischen und sowjetischen Mondmissionen wurden dazu insgesamt fünf Retroreflektoren auf dem Mond platziert, die heute für die Entfernungsmessungen genutzt werden."[72]

Die Ursache der Entfernung des Mondes von der Erde wird ebenfalls recht anschaulich beschrieben:

„Die allmählich zunehmende Entfernung ist eine Folge der Gezeitenkräfte, die der Mond auf der Erde bewirkt. Dabei wird Rotationsenergie der Erde weit überwiegend in Wärme umgewandelt und zu einem Teil als Rotationsenergie auf den Mond übertragen. Der dabei abnehmende Drehimpuls der Erdrotation resultiert in einer Zunahme des Bahndrehimpulses des Mondes, der sich dadurch von der Erde entfernt. Dieser schon lange vermutete Effekt ist seit 1995 durch die Laser-Distanzmessungen abgesichert. Er bewirkt sowohl eine kontinuierliche

---

72 https://de.wikipedia.org/wiki/Mond

Verlängerung der irdischen Tageslänge (um etwa eine Sekunde in 100.000 Jahren) als auch der Mondumlaufdauer."[73]

Inzwischen sind über den Wassergehalt des Mondes weitere Informationen bekannt geworden:

„Der Mond ist ein extrem trockener Körper. Jedoch konnten Wissenschaftler mit Hilfe eines neuen Verfahrens im Sommer 2008 winzige Spuren von Wasser (bis zu 0,0046 %) in kleinen Glaskügelchen vulkanischen Ursprungs in Apollo-Proben nachweisen. Diese Entdeckung deutet darauf hin, dass bei der gewaltigen Kollision, durch die der Mond entstand, nicht das ganze Wasser verdampft ist...

Erstmals hat 1998 die Lunar-Prospector-Sonde Hinweise auf Wassereis in den Kratern der Polarregionen des Mondes gefunden, dies wird aus dem Energiespektrum des Neutronenflusses evident... Dieses Wasser könnte aus Kometenabstürzen stammen. Da die polaren Krater aufgrund der geringen Neigung der Mondachse gegen die Ekliptik niemals direkt von der Sonne bestrahlt werden und somit das Wasser dort nicht verdampfen kann, könnte es sein, dass dort noch im Regolith gebundenes Wassereis vorhanden ist. Der Versuch, durch den gezielten Absturz des Prospectors in einen dieser Polarkrater einen eindeutigen Nachweis zu erhalten, schlug allerdings fehl.

Im September 2009 entdeckte die indische Sonde Chandrayaan-1 Hinweise auf größere Wassermengen auf dem Mond...

Am 13. November 2009 bestätigte die NASA, dass die Daten der

---

[73] Ebenda

LCROSS-Mission auf größere Wasservorkommen auf dem Mond schließen lassen...

Im März 2010 gab der United States Geological Survey bekannt, dass bei erneuten Untersuchungen der Apollo-Proben mit der neuen Methode der Sekundärionen-Massenspektrometrie bis zu 0,6 % Wasser gefunden wurden. Das Wasser weist ein Wasserstoffisotopenverhältnis auf, welches deutlich von den Werten irdischen Wassers abweicht...

Im Oktober 2010 ergab eine weitere Auswertung der LCROSS- und LRO-Daten, dass viel mehr Wasser auf dem Mond vorhanden ist als früher angenommen, die Sonde Chandrayaan-1 fand allein am Nordpol des Mondes Hinweise auf mindestens 600 Millionen Tonnen... Wassereis. Auch wurden Hydroxylionen, Kohlenmonoxid, Kohlendioxid, Ammoniak, freies Natrium und Spuren von Silber detektiert...

Wasser(eis) überdauert oberflächennah am längsten an den Polen des Mondes, da diese am wenigsten vom Sonnenlicht beschienen und erwärmt werden, und besonders in der Tiefe von Kratern. Durch Untersuchung mit Neutronenspektrometern im Orbit fanden Matthew Siegler et al. die höchsten Konzentrationen von Wasserstoff (wahrscheinlich in Form von Wassereis) etwas abseits der aktuellen Pole an zwei Stellen, die sich diametral gegenüberliegen. Sie leiten daraus die Hypothese ab, dass – etwa durch vulkanische Massenverschiebung – sich die Polachse (um insgesamt 45°/ effektiv 25°) verschoben hat."[74]

---

74 Ebenda

„Der am Nachthimmel *silbern glänzende* Mond ist tatsächlich dunkelgrau (geringe Albedo); hier die Rückseite des Mondes vor der viel helleren, blau/weißen Erde (DSCOVR, Aug. 2015)"[75]

„NASA image courtesy of the DSCOVR EPIC team. DSCOVR is a partnership between NASA, NOAA and the U.S. Air Force, with the primary objective of maintaining the nation's real-time solar wind monitoring capabilities. - The Dark Side and the Bright Side

---

75 Ebenda

A NASA camera aboard the Deep Space Climate Observatory (DSCOVR) has captured a unique view of the Moon as it passed between the spacecraft and Earth. A series of test images shows the fully illuminated "dark side" of the Moon that is not visible from Earth."[76]

„Der Mond ist nach der Erde bisher der einzige von Menschen betretene Himmelskörper. Im Rahmen des Kalten Kriegs unternahmen die USA und die UdSSR einen Wettlauf zum Mond (auch bekannt als „Wettlauf ins All") und in den 1960er Jahren als Höhepunkt einen Anlauf zu bemannten Mondlandungen, die jedoch nur mit dem Apollo-Programm der Vereinigten Staaten verwirklicht wurden. Das bemannte Mondprogramm der Sowjetunion wurde daraufhin abgebrochen.

Am 21. Juli 1969 UTC setzte mit Neil Armstrong der erste von zwölf Astronauten im Rahmen des Apollo-Programms seinen Fuß auf den Mond. Nach sechs erfolgreichen Missionen wurde das Programm 1972 wegen der hohen Kosten eingestellt. Während des ausgehenden 20. Jahrhunderts wurde immer wieder über eine Rückkehr zum Mond und die Einrichtung einer ständigen Mondbasis spekuliert, aber erst durch Ankündigungen des damaligen US-Präsidenten George W. Bush und der NASA Anfang 2004 zeichneten sich konkretere Pläne ab. Am 4. Dezember 2006 hat die NASA ernsthafte Pläne für eine stufenweise Annäherung des Menschen an den Mond bekannt gegeben. Demnach sollten, nach ersten Testflügen ab 2009, schon 2019 wieder bemannte Missionen zum Mond führen. Ab 2020 sollten vier Astronauten 180 Tage lang auf dem Mond verweilen, bis dann ab 2024 eine permanent bemannte Mondbasis am lunaren

---

76 Ebenda

Südpol errichtet werden sollte... Wegen der am Ende nicht einhaltbaren Fertigstellungstermine der Ares-Raketen sowie der unabsehbaren Kosten stellte die Regierung unter Präsident Barack Obama dem Programm keine finanziellen Mittel mehr zur Verfügung...

Die folgende Tabelle enthält die zwölf Männer, die den Mond betreten haben. Alle waren Bürger der USA.

#	Mission und Datum	Astronauten
1.	Apollo 11	Neil Armstrong (1930–2012)
2.	21. Juli 1969	Buzz Aldrin (* 1930)
3.	Apollo 12	Charles Conrad (1930–1999)
4.	19. November 1969	Alan Bean (* 1932)
5.	Apollo 14	Alan Shepard (1923–1998)
6.	5. Februar 1971	Edgar Mitchell (1930–2016)
7.	Apollo 15	David Scott (* 1932)
8.	31. Juli 1971	James Irwin (1930–1991)
9.	Apollo 16	John Young (* 1930)
10.	21. April 1972	Charles Duke (* 1935)
11.	Apollo 17	Eugene Cernan (1934–2017)
12.	11. Dezember 1972	Harrison Schmitt (* 1935)

Als bisher letzter Mensch verließ am 14. Dezember 1972 Eugene Cernan den Mond."[77]

An aktuellen Mondsonden gibt es momentan die folgenden laufenden Projekte:

„Am 23. Juni 2009 um 9:47 UTC schwenkte der Lunar Reconnaissance Orbiter (LRO) der NASA auf eine polare

---

77 Ebenda

Umlaufbahn ein, um den Mond in einer Höhe von 50 km mindestens ein Jahr lang zu umkreisen und dabei Daten für die Vorbereitung zukünftiger Landemissionen zu gewinnen. Die Geräte der US-amerikanischen Sonde liefern die Basis für hochaufgelöste Karten der gesamten Mondoberfläche (Topografie, Orthofotos mit 50 cm Auflösung, Indikatoren für Vorkommen von Wassereis) und Daten zur kosmischen Strahlenbelastung. Es wurden 5185 Krater mit einem Durchmesser von mindestens 20 km erfasst. Aus deren Verteilung und Alter wurde geschlossen, dass bis vor 3,8 Milliarden Jahren hauptsächlich größere Brocken den Mond trafen, danach vorwiegend kleinere... Die Raumsonde LRO entdeckte auch Grabenstrukturen auf der Mond-Rückseite... Wann die Mission enden soll, ist noch nicht bekannt. Mit derselben Trägerrakete wurde auch der Lunar CRater Observation and Sensing Satellite (LCROSS) zum Mond geschickt. Er schlug am 9. Oktober im Krater Cabeus nahe dem Südpol ein. Der Satellit bestand aus zwei Teilen, der ausgebrannten Oberstufe der Rakete, die einen Krater erzeugte, und der einige Zeit vor dem Einschlag abgekoppelten Geräteeinheit, die die aufgeworfene Partikelwolke insbesondere in Hinsicht auf Wassereis analysierte, bevor sie vier Minuten später ebenfalls aufschlug. Am 14. Dezember 2013 hat die chinesische Raumfahrtagentur mit Chang'e-3 ihre erste weiche Mondlandung durchgeführt. Die über 3,7 Tonnen schwere Sonde dient u. a. dem Transport eines 120 kg schweren Mondrovers, der seine Energie aus Radioisotopengeneratoren erhält oder mit Radionuklid-Heizelementen ausgestattet ist, um während der 14-tägigen Mondnacht nicht einzufrieren."[78]

---

78 Ebenda

Geplante Missionen sind inzwischen bekannt geworden:

„Im Jahr 2017 ist innerhalb des Mondprogramms der Volksrepublik China die Rückkehrmission Chang'e-5 geplant. Ein Raumsonde soll dabei 2 kg Mondgestein mit zur Erde bringen. Auch im Jahre 2020 soll eine solche Probenmission, Chang'e-6, durchgeführt werden, um Material vom Mond zur Erde zu bringen...

Die Japan Aerospace Exploration Agency (JAXA) hat für 2017 mit Selene-2 (Abkürzung für *Selenological and Engineering Explorer 2*; wörtlich *Mondstudierender und technischer Erforscher 2*) eine Nachfolgemission von Kaguya (Selene-1) vorgesehen, die aus einem Orbiter, der vor allem als Datenrelais dienen soll, einem Lander und einem Rover bestehen soll. Lander und Rover sollen dabei zwei Wochen lang aktiv sein. Die Mission soll als Vorbereitung für eine bemannte Mondlandung in Zusammenarbeit mit der NASA dienen...

Indiens Raumfahrtagentur ISRO plant als Nachfolger von Chandrayaan-1 für 2017 mit Chandrayaan-2 ein Landegerät, das mit einem Rover weich aufsetzen soll...

Die NASA hat für Januar 2019 den Lunar Flashlight geplant, eine Mondsonden-Mission zur Suche und Untersuchung von Wassereisvorkommen auf dem Mond, um dies für Menschen, künftige Mondstationen und Mondrobotern nutzen zu können...

Für das Jahr 2024 ist von Seiten Russlands der Einsatz der Mondsonde Luna 25 geplant. Sie soll zwölf Penetratoren hauptsächlich für seismische Untersuchungen absetzen und einen

Lander zur Suche nach Wassereis in einem Krater in Nähe des lunaren Südpols niedergehen lassen... Weitere Mondmissionen Luna 26 bis Luna 29 sind ebenfalls bereits in Planung. Diese Mondsonden sind Teil der Errichtung einer Station zur Kolonisation des Mondes von 2020 bis 2037...

Derzeit sehen sich private Teams für 2017 bereit, um den Google Lunar X-Prize anzutreten, hierunter sind die Astrobotic Technology, Barcelona Moon Team und Moon Express. Hierbei geht es um die Förderung von geplanten Raumflügen durch Google Inc. mit einem Preisgeld von insgesamt 30 Millionen US-Dollar..."[79]

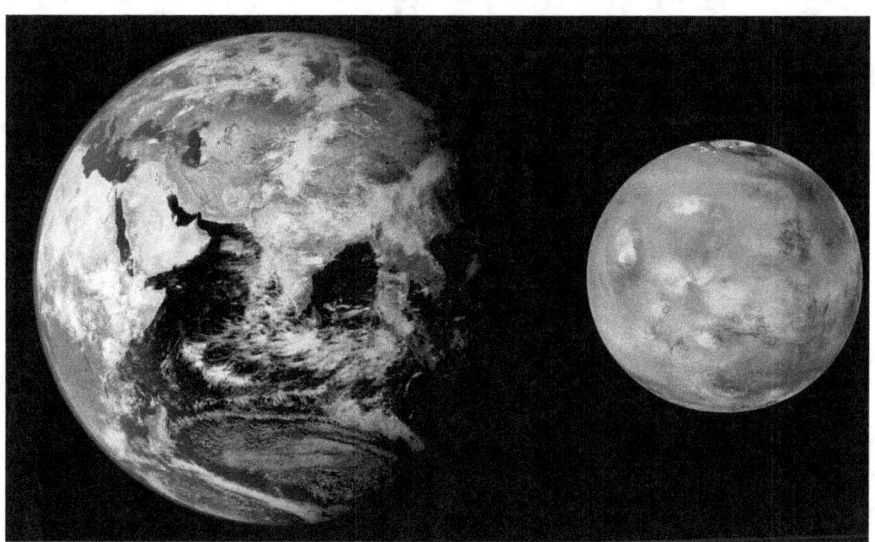

Größenvergleich zwischen Erde (links) und Mars[80]

Betrachten wir nun den nächsten Himmelskörper, der noch nicht von Menschen betreten wurde: den Mars.

---
79 Ebenda
80 https://de.wikipedia.org/wiki/Mars_(Planet)

Hier sind noch einmal die wichtigsten Daten:

„Der Mars bewegt sich in einem Abstand von 206,62 bis 249,23 Millionen Kilometern (1,38 AE[81] bis 1,67 AE) in knapp 687 Tagen (etwa 1,9 Jahre) auf einer elliptischen Umlaufbahn um die Sonne. Die Bahnebene ist 1,85° gegen die Erdbahnebene geneigt.

Seine Bahngeschwindigkeit schwankt mit dem Sonnenabstand zwischen 26,50 km/s und 21,97 km/s und beträgt im Mittel 24,13 km/s. Die Bahnexzentrizität beträgt 0,0935. Nach der Umlaufbahn des Merkurs ist das die zweitgrößte Abweichung von der Kreisform unter allen Planetenbahnen des Sonnensystems.

Jedoch hatte der Mars in der Vergangenheit eine weniger exzentrische Umlaufbahn. Vor 1,35 Millionen Jahren betrug die Exzentrizität nur etwa 0,002, weniger als die der Erde heute… Die Periode der Exzentrizität des Mars beträgt etwa 96.000 Jahre, die der Erde etwa 100.000 Jahre... Mars hat jedoch noch einen längeren Zyklus der Exzentrizität mit einer Periode von 2,2 Millionen Jahren, der den mit der Periode von 96.000 Jahren überlagert. In den letzten 35.000 Jahren wurde die Umlaufbahn aufgrund der gravitativen Kräfte der anderen Planeten geringfügig exzentrischer. Der minimale Abstand zwischen Erde und Mars wird in den nächsten 25.000 Jahren noch ein wenig geringer werden...

Es gibt vier bekannte Asteroiden, die sich mit dem Mars die gleiche Umlaufbahn teilen (Mars-Trojaner). Sie befinden sich auf

---

[81] AE: Astronomische Einheit, mittlerer Abstand der Erde zur Sonne

den Lagrangepunkten L₄ und L₅, das heißt, sie eilen dem Planeten um 60° voraus oder folgen ihm um 60° nach."[82]

Für interessierte Leser ist eine Zusammenfassung der Daten zur **Rotation des Mars** eine gute Voraussetzung zum Verständnis der zukünftigen Entwicklung der Marsforschung:

„Der Mars rotiert in 24 Stunden und 37,4 Minuten um die eigene Achse (Siderischer Tag). In Bezug auf die Sonne ergibt sich daraus ein Marstag (auch Sol genannt) von 24:39:35. Die Äquatorebene des Planeten ist um 25,19° gegen seine Bahnebene geneigt (Erde 23,44°), somit gibt es Jahreszeiten ähnlich wie auf der Erde. Sie dauern jedoch fast doppelt so lang, weil das siderisches Marsjahr 687 Erdtage hat. Da die Bahn des Mars aber eine deutlich größere Exzentrizität aufweist, als die der Erde, und Mars-Nord tendenziell in Richtung der großen Bahn-Ellipsenachse weist, sind die Jahreszeiten unterschiedlich lang. In den letzten 300.000 Jahren variierte die Rotationsachse zwischen 22° und 26°. Zuvor lag sie mehrmals auch über 40°, wodurch starke Klimaschwankungen auftraten, es Vereisungen auch in der Äquatorregion gab und so die starken Bodenerosionen zu erklären sind.

Der Nordpol des Mars weist zum nördlichen Teil des Sternbilds Schwan, womit sich die Richtung um etwa 40° von jener der Erdachse unterscheidet. Der marsianische Polarstern ist Deneb

---

[82] Ebenda, Lagrangepunkte oder Librationspunkte sind Stellen auf einer Planetenbahn, auf denen leichte Körper antriebslos den Stern mit derselben Umlaufzeit wie der Planet umkreisen, wobei sich ihre Positionen relativ zum Planeten nicht ändern (Quelle https://de.wikipedia.org/wiki/Lagrange-Punkte).

(mit leichter Abweichung der Achse Richtung Alpha Cephei)...

Die Rotationsachse führt eine Präzessionsbewegung aus, deren Periode 170.000 Jahre beträgt (7× langsamer als die Erde). Aus diesem Wert, der mit Hilfe der Pathfinder-Mission festgestellt wurde, können die Wissenschaftler auf die Massenkonzentration im Inneren des Planeten schließen..."[83]

Für eine Marsmission, wie sie bereits geplant ist, haben **Klima und Wetter** auf dem Mars besondere Bedeutung:

„Abhängig von den Jahreszeiten und der Intensität der Sonneneinstrahlung finden in der Atmosphäre dynamische Vorgänge statt. Die vereisten Polkappen sublimieren im Sommer teilweise, und kondensierter Wasserdampf bildet ausgedehnte Zirruswolken. Die Polkappen selbst bestehen aus Kohlendioxideis und Wassereis.

2008 entdeckte man mit Hilfe der Raumsonde Mars Express Wolken aus gefrorenem Kohlendioxid. Sie befinden sich in bis zu 80 Kilometern Höhe und haben eine horizontale Ausdehnung von bis zu 100 km. Sie absorbieren bis zu 40 % des einstrahlenden Sonnenlichts und können damit die Temperatur der Oberfläche um bis zu 10 °C verringern...

Mit Hilfe des Lasers LIDAR der Raumsonde Phoenix wurde 2009 entdeckt, dass in der zweiten Nachthälfte fünfzig Tage nach der Sonnenwende winzige Eiskristalle aus dünnen Zirruswolken auf den Marsboden fielen...

---

83 Ebenda

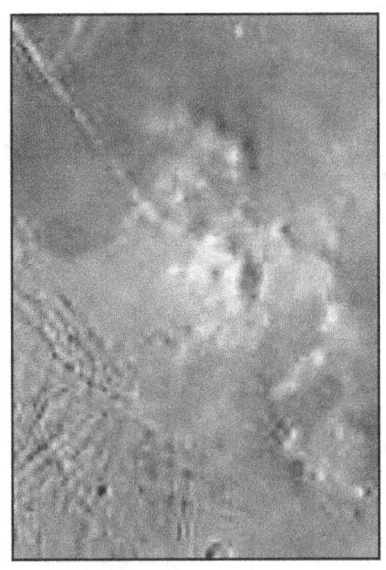

Staubsturm in der Syria-Region (Mars Global Surveyor, Mai 2003)

Jahreszeiten

Hätte Mars eine erdähnliche Umlaufbahn, würden die Jahreszeiten aufgrund der Achsenneigung ähnlich denen der Erde sein. Jedoch führt die vergleichsweise große Exzentrizität seines Orbits zu einer beträchtlichen Auswirkung auf die Jahreszeiten. Der Mars befindet sich während des Sommers in der Südhalbkugel und des Winters in der nördlichen Hemisphäre nahe dem Perihel seiner Bahn. Nahe dem Aphel ist in der südlichen Hemisphäre Winter und in der nördlichen Sommer.

Das hat zur Folge, dass die Jahreszeiten in der südlichen Hemisphäre viel deutlicher ausgeprägt sind als in der nördlichen, wo das Klima ausgeglichener ist, als es sonst der Fall wäre. Die Sommertemperaturen im Süden können bis zu 30 °C höher sein als die vergleichbaren Temperaturen im Sommer des Nordens... Die Jahreszeiten sind aufgrund der Exzentrizität der Umlaufbahn des Mars unterschiedlich lang. Auf der Nordhalbkugel dauert der Frühling 199,6, der Sommer 181,7, der Herbst 145,6 und der Winter 160,1 irdische Tage...

Wind und Stürme

Aufgrund der starken Tag-Nacht-Temperaturschwankungen der Oberfläche gibt es tägliche Morgen- und Abendwinde...

Während des Marsfrühjahrs können in den ausgedehnten flachen Ebenen heftige Staubstürme auftreten, die mitunter große Teile der Marsoberfläche verhüllen. Die Aufnahmen von Marssonden zeigen auch Windhosen, die über die Marsebenen ziehen und auf dem Boden dunkle Spuren hinterlassen. Stürme auf dem Mars haben wegen der sehr dünnen Atmosphäre eine wesentlich geringere Kraft als Stürme auf der Erde. Selbst bei hohen Windgeschwindigkeiten werden nur kleine Partikel (Staub) aufgeweht... Allerdings verbleibt aufgewehter Staub auf dem Mars wesentlich länger in der Atmosphäre als auf der Erde, da es keine Niederschläge gibt, die die Luft reinigen, und zudem die Gravitation geringer ist.

Staubstürme treten gewöhnlich während des Perihels auf, da der Planet zu diesem Zeitpunkt 40 Prozent mehr Sonnenlicht empfängt als während des Aphels. Während des Aphels bilden sich in der Atmosphäre Wolken aus Wassereis, die ihrerseits mit den Staubpartikeln interagieren und so die Temperatur auf dem Planeten beeinflussen...

Die Windgeschwindigkeiten in der oberen Atmosphäre können bis zu 650 km/h erreichen, auf dem Boden immerhin fast 400 km/h...

Gewitter

Bei heftigen Staubstürmen scheint es auch zu Gewittern zu kommen. Im Juni 2006 untersuchten Forscher mit einem Radioteleskop den Mars und stellten im Mikrowellenbereich Strahlungsausbrüche fest, wie sie bei Blitzen auftreten. In der Region, in der man die Strahlungsimpulse beobachtet hat, herrschte zu der Zeit ein heftiger Staubsturm mit hohen Staubwolken. Sowohl der beobachtete Staubsturm wie auch das Spektrum der Strahlungsimpulse deuten auf ein Staubgewitter mit Blitzen bzw. großen Entladungen hin..."[84]

Auch die **Topographie** des Mars ist für zukünftige Missionen zu beachten:

„Auffallend ist die Dichotomie, die „Zweiteilung", des Mars. Die nördliche und die südliche Hemisphäre unterscheiden sich deutlich, wobei man von den Tiefebenen des Nordens und den Hochländern des Südens sprechen kann. Der mittlere Großkreis, der die topografischen Hemisphären voneinander trennt, ist rund 40° gegen den Äquator geneigt. Der Massenmittelpunkt des Mars ist gegenüber dem geometrischen Mittelpunkt um etwa drei Kilometer in Richtung der nördlichen Tiefebenen versetzt.

Auf der nördlichen Halbkugel sind flache sand- und staubbedeckte Ebenen vorherrschend, die Namen wie *Utopia Planitia* oder *Amazonis Planitia* erhielten. Dunkle

---

84 Ebenda

Oberflächenmerkmale, die in Teleskopen sichtbar sind, wurden einst für Meere gehalten und erhielten Namen wie *Mare Erythraeum, Mare Sirenum* oder *Aurorae Sinus*. Diese Namen werden heute nicht mehr verwendet. Die ausgedehnteste dunkle Struktur, die von der Erde aus gesehen werden kann, ist *Syrtis Major*, die „große Syrte".

Die südliche Halbkugel ist durchschnittlich sechs Kilometer höher als die nördliche und besteht aus geologisch älteren Formationen. Die Südhalbkugel ist zudem stärker verkratert, wie zum Beispiel in der Hochlandregion *Arabia Terra*. Unter den zahlreichen Einschlagkratern der Südhalbkugel befindet sich auch der größte Marskrater, *Hellas Planitia*, die Hellas-Tiefebene. Das Becken misst im Durchmesser bis zu 2100 km. In seinem Innern maß Mars Global Surveyor 8180 m unter Nullniveau – unter dem Durchschnittsniveau des Mars – den tiefsten Punkt auf dem Planeten. Der zweitgrößte Einschlagkrater des Mars, *Chryse Planitia*, liegt im Randbereich der nördlichen Tiefländer.
Die deutlichen Unterschiede der Topografie können durch innere Prozesse oder aber ein Impaktereignis verursacht worden sein. In letzterem Fall könnte in der Frühzeit der Marsentstehung ein größerer Himmelskörper, etwa ein Asteroid, auf der Nordhalbkugel eingeschlagen sein und die silikatische Kruste durchschlagen haben. Aus dem Innern könnte Lava ausgetreten sein und das Einschlagbecken ausgefüllt haben.

Wie sich gezeigt hat, hat die Marskruste unter den nördlichen Tiefebenen eine Dicke von etwa 40 km, die im Gegensatz zum stufenartigen Übergang an der Oberfläche nur langsam auf 70 km bis zum Südpol hin zunimmt. Dies könnte ein Indiz für innere Ursachen der Zweiteilung sein.

In der Bildmitte liegt das System der Mariner-Täler. Ganz links die Tharsis-Vulkane (Bildmosaik von Viking 1 Orbiter, 1980)

Gräben

Südlich am Äquator und fast parallel zu ihm verlaufen die *Valles Marineris* (die Mariner-Täler), das größte bekannte Grabensystem des Sonnensystems. Es erstreckt sich über 4000 km und ist bis zu

700 km breit und bis zu 7 km tief. Es handelt sich um einen gewaltigen tektonischen Bruch. In seinem westlichen Teil, dem *Noctis Labyrinthus*, verästelt er sich zu einem chaotisch anmutenden Gewirr zahlreicher Schluchten und Täler, die bis zu 20 km breit und bis zu 5 km tief sind.

Noctis Labyrinthus liegt auf der östlichen Flanke des *Tharsis-Rückens*, einer gewaltigen Wulst der Mars-Lithosphäre quer über dem Äquator mit einer Ausdehnung von etwa 4000 mal 3000 Kilometern und einer Höhe von bis zu rund 10 Kilometern über dem nördlichen Tiefland. Die Aufwölbung ist entlang einer offenbar zentralen Bruchlinie von drei sehr hohen, erloschenen Schildvulkanen besetzt: *Ascraeus Mons, Pavonis Mons* und *Arsia Mons*. Der Tharsis-Rücken und die Mariner-Täler dürften in ursächlichem Zusammenhang stehen. Wahrscheinlich drückten vulkanische Kräfte die Oberfläche des Planeten in dieser Region empor, wobei die Kruste im Bereich des Grabensystems aufgerissen wurde. Eine Vermutung besagt, dass diese vulkanische Tätigkeit durch ein Impaktereignis ausgelöst wurde, dessen Einschlagstelle das *Hellas-Becken* auf der gegenüberliegenden Seite des Mars sei. 2007 wurden im Nordosten von Arsia Mons sieben tiefere Schächte mit 100 bis 250 Metern Durchmesser entdeckt.

Olympus Mons, der mit 26 km höchste Berg im Sonnensystem

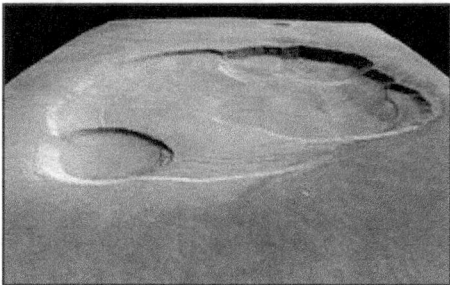

Die komplexe Caldera des Olympus Mons

Vulkane

Dem Hellas-Becken exakt gegenüber befindet sich der Vulkanriese *Alba Patera*. Er ragt unmittelbar am Nordrand des Tharsis-Rückens rund 6 km über das umgebende Tiefland und ist mit einem Basisdurchmesser von über 1200 km der flächengrößte Vulkan im Sonnensystem. *Patera* ist die Bezeichnung für unregelmäßig begrenzte Vulkane mit flachem Relief. Alba Patera ist anscheinend einmal durch einen Kollaps in sich zusammengefallen.

Unmittelbar westlich neben dem Tharsis-Rücken und südwestlich von Alba Patera ragt der höchste Vulkan, *Olympus Mons*, 26,4 km über die Umgebung des nördlichen Tieflands. Mit einer Gipfelhöhe von etwa 21,3 km über dem mittleren Null-Niveau ist er die höchste bekannte Erhebung im Sonnensystem.

Ein weiteres, wenn auch weniger ausgedehntes vulkanisches Gebiet ist die *Elysium-Region* nördlich des Äquators mit den Schildvulkanen *Elysium Mons, Hecates Tholus* und *Albor Tholus*.

Stromtäler

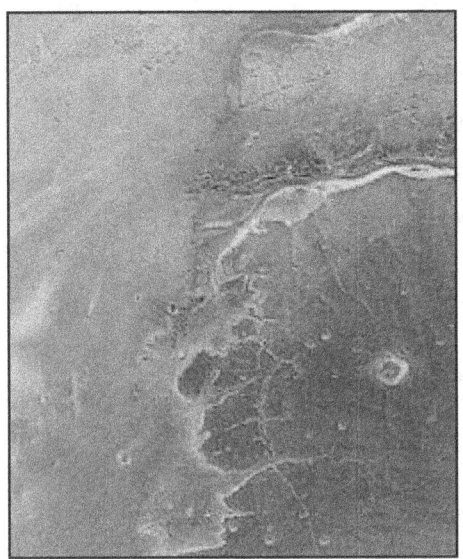

Kasei Vallis, das größte Stromtal des Mars

Auf der Marsoberfläche verlaufen Stromtäler, die mehrere hundert Kilometer lang und mehrere Kilometer breit sein können. Die heutigen Trockentäler beginnen ziemlich abrupt und haben keine Zuflüsse. Die meisten entspringen an den Enden der Mariner-Täler und laufen nördlich im *Chryse-Becken* zusammen. In den Tälern erheben sich mitunter stromlinienförmige Inseln. Sie weisen auf eine vergangene Flutperiode hin, bei der über einen geologisch relativ kurzen Zeitraum große Mengen Wasser geflossen sein müssen. Es könnte sich um Wassereis gehandelt haben, das sich unter der Marsoberfläche befand, danach durch vulkanische Prozesse geschmolzen wurde und dann abgeflossen ist.

Darüber hinaus finden sich an Abhängen und Kraterrändern Spuren von Erosionen, die möglicherweise ebenfalls durch flüssiges Wasser verursacht wurden.

2006 proklamierte die NASA einen *einzigartigen Fund*: Auf einigen NASA-Fotografien, die im Abstand von sieben Jahren vom Mars gemacht wurden, lassen sich Veränderungen auf der Marsoberfläche erkennen, die eine gewisse Ähnlichkeit mit Veränderungen durch fließendes Wasser haben. Innerhalb der NASA wird nun diskutiert, ob es neben Wassereis auch flüssiges Wasser geben könnte...

Delta-Strukturen

In alten Marslandschaften, z. B. im *Eberswalde-Krater* auf der Südhalbkugel oder in der äquatornahen Hochebene Xanthe Terra, finden sich typische Ablagerungen einstiger Flussdeltas.

Tharsis-Tholus-Streifen, aufgenommen mit der Hirise-Kamera des Mars Reconnaissance Orbiters. Der Streifen ist links in der Mitte zu sehen. Rechts sind die Ausläufer von Tharsis Tholus.
Seit längerem vermutet man, dass die tief eingeschnittenen Täler in Xanthe Terra einst durch Flüsse geformt wurden. Wenn ein solcher Fluss in ein größeres Becken, beispielsweise einen Krater, mündete, lagerte er erodiertes Gesteinsmaterial als Sedimente ab. Die Art der Ablagerung hängt dabei von der Natur dieses Beckens ab: Ist es mit dem Wasser eines Sees gefüllt, so bildet sich ein Delta. Ist das Becken jedoch trocken, so verliert der Fluss an Geschwindigkeit und versickert langsam. Es bildet sich ein sogenannter Schwemmkegel, der sich deutlich vom Delta unterscheidet.

Jüngste Analysen von Sedimentkörpern auf Basis von Orbiter-Fotos weisen an zahlreichen Stellen in Xanthe Terra auf Deltas hin – Flüsse und Seen waren in der Marsfrühzeit also recht verbreitet.

Gesteinsschichten und Ablagerungen

Salzlager

Mit Hilfe der Sonde Mars Odyssey wies die NASA ein umfangreiches Salzlager in den Hochebenen der Südhalbkugel des Mars nach. Vermutlich entstanden diese Ablagerungen durch Oberflächenwasser vor etwa 3,5 bis 3,9 Milliarden Jahren...

Carbonatvorkommen

Mit Hilfe der Compact Reconnaissance Imaging Spectrometer for Mars (CRISM) an Bord der NASA-Sonde Mars Reconnaissance Orbiter konnten Wissenschaftler Carbonat-Verbindungen in Gesteinsschichten rund um das knapp 1500 Kilometer große *Isidis-Einschlagbecken* nachweisen. Demnach wäre das vor mehr als 3,6 Milliarden Jahren existierende Wasser hier nicht sauer, sondern eher alkalisch oder neutral gewesen.

Carbonatgestein entsteht, wenn Wasser und Kohlendioxid mit Kalzium, Eisen oder Magnesium in vulkanischem Gestein reagiert. Bei diesem Vorgang wird Kohlendioxid aus der Atmosphäre in dem Gestein eingelagert. Dies könnte bedeuten, dass der Mars früher eine dichte kohlendioxidreiche Atmosphäre hatte, wodurch ein wärmeres Klima möglich wurde, in dem es auch flüssiges Wasser gab...

Mit Hilfe von Daten des MRO wurden 2010 Gesteine entdeckt,

die durch kosmische Einschläge aus der Tiefe an die Oberfläche befördert worden waren. Anhand ihrer spezifischen spektroskopischen Fingerabdrücke konnte festgestellt werden, dass sie hydrothermal (unter Einwirkung von Wasser) verändert wurden. Neben diesen Karbonat-Mineralen wurden auch Silikate nachgewiesen, die vermutlich auf die gleiche Weise entstanden sind. Dieser neue Fund beweise, dass es sich dabei nicht um örtlich begrenzte Vorkommen handele, sondern dass Karbonate in einer sehr großen Region des frühen Mars entstanden seien...

Wasservorkommen

Der Mars erscheint heute als trockener Wüstenplanet. Die bislang vorliegenden Ergebnisse der Marsmissionen lassen jedoch den Schluss zu, dass die Marsatmosphäre in der Vergangenheit (vor Milliarden Jahren) wesentlich dichter war und auf der Oberfläche des Planeten reichlich flüssiges Wasser vorhanden war.

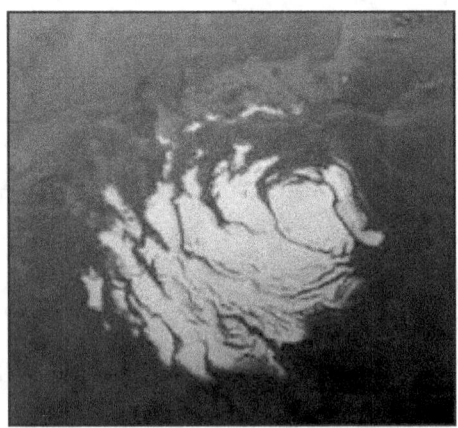

Die Südpolregion (Viking Orbiter, Dez. 2008)

Eisvorkommen an den Polen

Durch Radarmessungen mit der Sonde Mars Express wurden in der Südpolarregion, dem Planum Australe, Ablagerungsschichten mit eingelagertem Wassereis entdeckt, die weit größer und tiefreichender als die hauptsächlich aus Kohlendioxideis bestehende Südpolkappe sind. Die Wassereisschichten bedecken eine Fläche, die fast der Größe Europas entspricht, und reichen in eine Tiefe von bis zu 3,7 Kilometern. Das in ihnen gespeicherte Wasservolumen wird auf bis zu 1,6 Millionen Kubikkilometer geschätzt – circa zwei Drittel des irdischen Grönlandeispanzers – was laut der Europäischen Weltraumorganisation (ESA) ausreichen würde, die Marsoberfläche mit einer etwa 11 Meter dicken Wasserschicht zu bedecken...

Weitere Eisvorkommen

Beobachtete Veränderungen könnten Anzeichen für fließendes Wasser innerhalb der letzten Jahre sein...
Die schon lange gehegte Vermutung, dass sich unter der Oberfläche des Mars Wassereis befinden könnte, erwies sich 2005 durch Entdeckungen der ESA-Sonde Mars Express als richtig.

Geologen gehen von wiederkehrenden Vereisungsperioden auf dem Mars aus, ähnlich irdischen Eiszeiten. Dabei sollen Gletscher bis in subtropische Breiten vorgestoßen sein. Die Forscher schließen dies aus Orbiter-Fotos, die Spuren einstiger Gletscher in diesen äquatornahen Gebieten zeigen. Zusätzlich stützen auch Radarmessungen aus der Umlaufbahn die Existenz beträchtlicher Mengen an Bodeneis in ebendiesen Gebieten. Diese Bodeneisvorkommen werden als Reste solcher „Mars-Eiszeiten" gedeutet...

Auf der Europäischen Planetologenkonferenz EPSC im September 2008 in Münster wurden hochauflösende Bilder des Mars Reconnaissance Orbiters der NASA vorgestellt, die jüngste Einschlagkrater zeigen. Wegen der sehr dünnen Atmosphäre stürzen die Meteoriten praktisch ohne Verglühen auf die Marsoberfläche. Die fünf neuen Krater, die nur drei bis sechs Meter Durchmesser und eine Tiefe von 30 bis 60 cm aufweisen, wurden in mittleren nördlichen Breiten gefunden. Sie zeigen an ihrem Boden ein gleißend weißes Material. Wenige Monate später waren die weißen Flecken durch Sublimation verschwunden. Damit erhärten sich die Hinweise, dass auch weit außerhalb der Polgebiete Wassereis dicht unter der Marsoberfläche begraben ist..."[85]

Es erscheint also durchaus sinnvoll, den Mars aufzusuchen und zu besiedeln. Ein Shuttle-Betrieb zwischen Mars, Mond und Erde dürfte eine brauchbare Einrichtung sein, um die Verbindung zwischen den Himmelskörpern aufrecht zu erhalten. Es werden daraus weitere Erkenntnisse gewonnen werden, die es auch ermöglichen werden, in fernerer Zukunft Expeditionen zu weiter entfernten Planeten und Monden durchzuführen. Wir Menschen brauchen Mut dazu und eine gehörige Menge Finanzen. Aber es wird sich lohnen und das Leben reichhaltiger gestalten. „Das Prinzip Hoffnung" macht uns Mut, diesen Weg weiter zu gehen.[86]

---

85 Ebenda, mit Abbildungen
86 Bloch, Ernst: Das Prinzip Hoffnung. Frankfurt am Main 1959, 4. Aufl. 1977

Literaturverzeichnis

Bärwolf, A. Die Marsfabrik. Aufbruch zum roten Planeten. München 1995.

Binder, Janet: Gemüse aus der Antarktis. In: Rhein-Neckar-Zeitung Nr. 155 vom 8./9. Juli 2017, S. 29.

Bloch, Ernst: Das Prinzip Hoffnung. Frankfurt am Main 1959, 4. Aufl. 1977.

Brunotte, Ernst u.a.: Lexikon der Geographie in vier Bänden, Spektrum Akademischer Verlag Heidelberg, Berlin 2002.

Burns, Jack O. u. a.: Observatorien auf dem Mond. In: Spektrum der Wissenschaft, Mai 1990.

Dambeck, Thorsten: Das eiserne Herz des Mondes. In: Spektrum der Wissenschaft, Mai 2011.

DIE ZEIT: Das Lexikon in 20 Bänden, Hamburg 2005.

Dingell, Charles, Johns, William A., Kramer White, Julie: Der nächste Flug zum Mond. In: Spektrum der Wissenschaft Dezember 2007.

Heuseler, H. u. a.: Die Mars-Mission. Pathfinder, Sojourner und die Eroberung des roten Planeten. München 1998.

https://de.wikipedia.org/wiki/Lagrange-Punkte

https://de.wikipedia.org/wiki/Mars_(Planet)

https://de.wikipedia.org/wiki/Mond

Lexikon der Physik, 2000. Spektrum Akademischer Verlag GmbH Heidelberg.

Olzog, Kurt: Energiewende im Klimawandel. Norderstedt 2016.

Schäfer, Martin: Schöner wohnen auf dem Mars. In: Rhein-Neckar-Zeitung Nr. 29 vom 4./5. Februar 2017, S. 33.

Spektrum der Wissenschaft 2012, Heft 16, S. 8.

Spudis Paul D.: Rückkehr zum Mond. In: Spektrum der Wissenschaft, Februar 2004.

Taylor, G. Jeffrey: Ursprung und Entwicklung des Mondes. In: Spektrum der Wissenschaft, September 1994.

Wilford, J. N.: Mars. Unser geheimnisvoller Nachbar. Aus dem Amerikanischen. Basel u. a. 1992.

Willmann, Urs: Zwanzig kleine Stupser. In: DIE ZEIT Nr. 3 vom 12.01.2017, S. 33.

Seite 115

www.ingramcontent.com/pod-product-compliance
Lightning Source LLC
Chambersburg PA
CBHW050110230526
45470CB00004B/1769